长江大学校园植物图鉴

高沁匀 严如玉 李继福 等 编著

中国农业出版社
北 京

编著者名单

主　编：高沁匀　严如玉　李继福

副主编：李亚飞　向风云　赵希梅

参编人员（按姓氏笔画排序）：

王雨晴　甘国渝　田　璐　冉名扬

付　威　朱　海　刘　炜　汤世豪

李书月　李绪勋　李雅琼　李紫旭

李燕丽　杨　军　杨　婷　杨添雨

金慧芳　周　鹂　彭紫薇　漆栋良

审　稿：许凤英

前　言

　　长江大学是湖北省属高校中规模最大、学科门类较全的综合性大学，为湖北省重点建设的骨干高校，是"国家教育强国推进工程"入选高校，湖北省"国内一流大学建设高校"，也是湖北省人民政府与中国石油天然气集团有限公司、中国石油化工集团有限公司、中国海洋石油集团有限公司共建和湖北省人民政府与中华人民共和国农业农村部共建的高校。

　　长江大学本部位于长江中游的历史文化名城——湖北省荆州市，并建有武汉校区，是国内最美的校园之一，是学生求学、成才、创新、创业的理想之地。学校历来重视校园环境建设，每一处都郁郁葱葱，绿意盎然，教学楼下、实验基地旁，繁花点缀；人工湖畔，荷花绽放、欣欣向荣。校园植物既营造了校园优良的生态环境，也为农科类专业（如植物学、生态学、地理学、风景园林设计和药用植物学等）提供了丰富的教学及科研资源。本书内容丰富，图文并茂，从学生视角来展示长江大学校园植物，是学习者和爱好者进行野外植物鉴赏、深入了解长江大学校园文化的一部重要参考书。

　　本书从设想到成稿历经六载，三届学生接力，相关老师全程指导，无不凝结着诸多研究生、本科生和老师的心血。书稿编撰期间，又恰逢三年新冠疫情，同时面临设备紧缺和经费不足等诸多困难，但为了及时获取满意的图片，他们仍不辞辛苦，从春夏到秋冬，从武汉到荆州、从西校区到东校区，每一棵树、每一朵花、每一株苗，都有他们的身影。我们从数千张照片中筛选出最有代表性的植物图片展示给大家，特别添加农科典型作物附在书中以表示我们对农业的热爱之情。因为爱好、因为兴趣、因为对长江大学的孜孜眷恋，大家走到一起，共同完成这项有意义的大学生创新创业活动。在此，我们对所有参与活动、提供素材和审稿的老师、同学致以最真挚的谢意，感谢你们的辛勤、努力和无私奉献。

由于编者水平有限，书中难免有不完善和不严谨之处，敬请各位专家、同行、校友和读者批评指正，以便我们后续再版时进行修订。

最后，谨以此书献给长江大学合并组建20周年庆典，祝愿长江大学明天更美好！

编著者

2023年3月

CONTENTS
目 录

一、常绿植物

红豆杉

拉丁学名：*Taxus wallichiana var. chinensis* (Pilger) Florin

别　　名：紫杉、卷柏（峨眉）、扁柏（宝兴）、红豆树（宣恩）、观音杉

科：红豆杉科　　属：红豆杉属

形态特征：乔木。树皮灰褐色、红褐色或暗褐色；大枝开展，一年生枝绿色或淡黄绿色，秋季变成绿黄色或淡红褐色，二、三年生枝黄褐色、淡红褐色或灰褐色。叶排列成两列，条形，微弯或较直，上部微渐窄，先端常微急尖。雄球花淡黄色。种子常呈卵圆形，上部渐窄，稀倒卵状、三角状圆形。

地理分布：我国特有树种，产于甘肃南部、陕西南部、四川、云南东北部及东南部、贵州西部及东南部、湖北西部、湖南东北部、广西北部和安徽南部（黄山），常生于海拔1 000米以上的高山上部。长江大学西校区1024纪念馆南北两侧均有种植。

花　　语：高雅、高傲。

诗词文化：一自天来根入泥，便痴大地不曾疑。
　　　　　青峦水涨寻春处，红豆花飞落梦时。
　　　　　万里关山常北望，千年身世近南箕。
　　　　　明朝又逐秋风去，莫遣书声慰我期。
　　　　　　　　　——当代·习新和《七律·咏红豆杉》

樟树

科：樟科　属：樟属

别　名：香樟、樟木、瑶人柴、栳樟、臭樟、乌樟

拉丁学名：*Cinnamomum camphora* (L.) J. Presl

形态特征：乔木。树干黄褐色，有明显纵向龟裂。叶互生，卵形，叶片正面光亮，背面灰白色，离基三出脉，脉腋有腺体。聚伞花序，花小，黄绿色。核果球形，紫黑色，基部有杯状果托。花期4—5月，果期8—11月。

地理分布：主要分布于中国南方地区。造林地宜选土壤比较深厚的山坡中部以下地带。长江大学西校区教学楼附近有种植。

花　　语：正直，和平。

诗词文化：樛枝平地虬龙走，高干半空风雨寒。

春来片片流红叶，谁与题诗放下滩。

——宋·舒岳祥《樟树》

雪 松

拉丁学名：*Cedrus deodara* (Roxb.) G. Don

别　　名：松树、落叶松、雪杉、宝塔松、喜马拉雅山雪松

科：松科　　属：雪松属

　　形态特征：乔木，高达50米，胸径达3米。树皮深灰色，裂成不规则的鳞状块片；枝平展、微斜展或微下垂。叶在长枝上辐射伸展，短枝之叶成簇生状，针形，坚硬，淡绿色或深绿色。雄球花长卵圆形，雌球花卵圆形。球果成熟前淡绿色，微有白粉，熟时红褐色，顶端圆钝，有短梗；中部种鳞扇状倒三角形；苞鳞短小；种子近三角状。

　　地理分布：分布于阿富汗至印度，海拔1 300 ～ 3 300米的地区。我国各地已广泛栽培作庭园树。在气候温和凉润、土层深厚、排水良好的酸性土壤上生长旺盛。长江大学东校区图书馆周围、西校区大门口、学术交流中心南侧有种植。

　　花　　语：高尚、纯洁、长寿。

　　诗词文化：细捣枨齑卖脍鱼，西风吹上四腮鲈。

　　　　　　　雪松酥腻千丝缕，除却松江到处无。

　　　　　　　　　　　　——宋·范成大《晚春田园杂兴十二绝》

龙柏

科：柏科　属：刺柏属

别　名：刺柏、珍珠柏

拉丁学名：*Juniperus chinensis*

形态特征：乔木，高可达8米。树干挺直，树冠圆柱状或柱状塔形；枝条向上直展，小枝密；鳞叶排列紧密，幼嫩时淡黄绿色，后呈翠绿色；球果蓝色，微被白粉；鳞叶排列紧密，幼嫩时淡黄绿色，后呈翠绿色。

地理分布：主要产于我国长江流域、淮河流域。经过多年的引种，现山东、河南、河北等地也有龙柏的栽培。长江大学校医院门前、西校区图书馆门前、东校区12号教学楼对面花池均有种植。

花　语：祥瑞、长寿。

诗词文化：松柏本孤直，难为桃李颜。

　　　　　昭昭严子陵，垂钓沧波间。

　　　　　　　——唐·李白《古风五十九首·其十二》

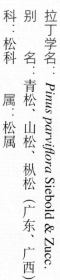

马尾松

拉丁学名：*Pinus parviflora Siebold & Zucc.*

别　名：青松、山松、枞松（广东、广西）

科：松科　　属：松属

形态特征：乔木，高达45米。树皮红褐色，下部灰褐色，裂成不规则的鳞状块片。枝平展或斜展，淡黄褐色，无毛。冬芽卵状圆柱形或圆柱形，褐色，顶端尖，芽鳞边缘丝状，先端渐尖。针叶2针一束，稀3针一束；叶鞘初呈褐色，后渐变成灰黑色。雄球花淡红褐色，圆柱形，穗状。球果卵圆形或圆锥状卵圆形，熟时栗褐色；中部种鳞近矩圆状倒卵形，或近长方形；鳞盾菱形，微隆起或平，横脊微明显；初生叶条形，叶缘具疏生刺毛状锯齿。花期4—5月，球果第二年10—12月成熟。

地理分布：我国长江流域各大城市及山东青岛等地已普遍引种栽培，作庭园树或作盆景用。长江大学西校区四食堂楼前、长江大学文理学院3号教学楼前等均有分布。

花　语：生命永存、老而不衰。

诗词文化：画松一似真松树，且待寻思记得无。

曾在天台山上见，石桥南畔第三株。

——唐·景云《画松》

棕榈

科：棕榈科　属：棕榈属
别　名：棕树、棕皮树
拉丁学名：*Trachycarpus fortunei* (Hook.) H. Wendl.

形态特征：乔木，树干圆柱形。叶柄长 75～80 厘米或甚至更长，两侧具细圆齿，顶端有明显的戟突。花序粗壮，多次分枝，从叶腋抽出，通常是雌雄异株。花无梗，球形。果实阔肾形，有脐，成熟时由黄色变为淡蓝色。花期4月，果期12月。

地理分布：分布于我国长江以南各省份。常见栽培种，罕见野生于疏林中，海拔上限 2 000 米左右。长江以北虽可栽培，但冬季茎干须裹草防寒。长江大学西校区图书馆前行道树、东校区13号教学楼前等均有种植。

花　语：胜利。

诗词文化：满株擐甲诧棕榈，叶展蒲葵冬不枯。

鬼发擘开织玉掌，蚌胎剖破细琼珠。

熟煨炉火香于笋，白饤盘银美似酥。

珍膳莫充禅客供，恐猜鱼子放江湖。

——宋·阳枋《棕花》

荷花木兰

拉丁学名：*Magnolia grandiflora Linn.*

别　名：广玉兰、洋玉兰、荷花玉兰

科：木兰科　　属：木兰属

形态特征：常绿灌木或乔木，叶子椭圆形或倒卵形，前端尖，叶面深绿色，边缘无锯齿，背面有稀疏茸毛。5月开花，单生枝头前端，如荷花状。花白色，花丝紫色，具清新香味。果实圆形，外表皮被有茸毛，成熟时自动裂开，露出红色种子。

地理分布：分布在北美洲和中国长江流域，北方如北京、甘肃兰州等地亦有种植。长江大学校园西校区校医院路旁多有种植。

花　　语：美丽、高洁、芬芳、纯洁、生生不息、世代相传。

诗词文化：霓裳片片晚妆新，束素亭亭玉殿春。

　　　　　已向丹霞生浅晕，故将清露作芳尘。

　　　　　——明·睦石《玉兰》

含笑

科：木兰科　属：含笑属
别　名：含笑花、山节子、含笑梅
拉丁学名：*Michelia figo* (Lour.) Spreng.

形态特征：常绿灌木，高2～3米，树皮灰褐色。叶革质，狭椭圆形或倒卵状椭圆形，先端钝短尖，基部楔形或阔楔形。花直立，淡黄色而边缘有时红色或紫色，具甜浓的芳香。聚合果长2～3.5厘米；蓇葖卵圆形或球形，顶端有短尖的喙。花期3—5月，果期7—8月。

地理分布：原产我国华南南部各地，广东鼎湖山有野生，生于阴坡杂木林中，溪谷沿岸尤为茂盛，现广植于全国各地。长江流域各地需在温室越冬。长江大学西校区南大门内部西侧有分布。

花　　语：含蓄、矜持、庄重、高洁。

诗词文化：菖蒲节序芰荷时，翠羽衣裳白玉肌。

　　　　　暗折花房须日暮，遥将香气报人知。

　　　　　半开微吐长怀宝，欲说还休竟俛眉。

　　　　　树脆枝柔惟叶健，不消更画只消诗。

　　　　　　　——宋·杨万里《含笑花》

杜英

拉丁学名：*Elaeocarpus decipiens* Hemsl.

别　名：假杨梅、梅擦饭、青果、野橄榄

科：杜英科　　属：杜英属

形态特征：常绿乔木，高5～15米；嫩枝及顶芽初时被微毛。叶革质，披针形或倒披针形，上面深绿色，干后发亮，下面秃净，幼嫩时亦无毛；叶柄长1厘米，初时有微毛；核果椭圆形，表面有多数沟纹，种子1颗。花期6—7月。

地理分布：产于我国广东、广西、福建、台湾、浙江、江西、湖南、贵州和云南等地。生长于海拔400～700米，在云南上升到海拔2 000米的林中。长江大学西校区农科大楼正门南侧、西小区大门口西侧均有种植。

花　　语：朴实无华、坚忍不拔、顽强斗争。

诗词文化：山前五月杨梅市，溪上千年项羽祠。

　　　　　小纖轻舆不辞远，年年来及贡梅时。

　　　　　　　　　　——宋·陆游《项里观杨梅》

柚

科：芸香科　属：柑橘属

别　名：柚子、文旦、香栾、朱栾

拉丁学名：*Citrus maxima* (Burm.) Merr.

形态特征：乔木。嫩枝、叶背、花梗、花萼及子房均被柔毛，嫩叶通常暗紫红色，嫩枝扁且有棱。叶质颇厚，色浓绿，阔卵形或椭圆形；花蕾淡紫红色，稀乳白色；果圆球形，扁圆形，梨形或阔圆锥状，淡黄或黄绿色，杂交种有朱红色的，果皮甚厚或薄，果心实但松软，瓢囊10～15或多至19瓣，汁胞白色、粉红或鲜红色，少有带乳黄色；种子多达200余粒，亦有无子的，单胚。花期4—5月，果期9—12月。

地理分布：我国长江以南各地，最北见于河南省信阳及南阳一带，全为栽培。东南亚各国有栽种。长江大学西校区教科研基地、农科大楼东侧、东校区体育馆西侧均有种植。

花　语：苦涩的爱。

诗词文化：禹庙空山里，秋风落日斜。

　　　　　荒庭垂橘柚，古屋画龙蛇。

　　　　　云气生虚壁，江声走白沙。

　　　　　早知乘四载，疏凿控三巴。

　　　　　　　　　　——唐·杜甫《禹庙》

珊瑚树

拉丁学名：*Viburnum odoratissimum* Ker Gawl.

别　　名：法国冬青、日本珊瑚树、早禾树

科：五福花科　　属：荚蒾属

形态特征：常绿灌木或小乔木。枝灰色或灰褐色，有凸起的小瘤状皮孔。叶革质，椭圆形至矩圆形或矩圆状倒卵形至倒卵形。萼筒筒状钟形。花冠白色，后变黄白色，有时微红。果实先红色后变黑色，卵圆形或卵状椭圆形。果核卵状椭圆形。花期4—5月（有时不定期开花），果熟期7—10月。

地理分布：产福建东南部、湖南南部、广东、海南和广西。生于山谷密林中溪涧旁荫蔽处、疏林中向阳地或平地灌丛中，海拔200～1 300米也常有栽培。印度、缅甸、泰国和越南也有分布。长江大学西校区动物医院楼后、图书馆楼前、6号教学楼南侧和围墙内侧均有种植。

花　　语：幸福、美满、长青。

诗词文化：林开沄鹊绿烟销，月挂珊瑚树影高。

　　　　　阆苑风清仙曲妙，西王连日进蟠桃。

　　　　　　　　　　——明·蔡羽《引奏后即事·八首》

桂花

科：木樨科　属：木樨属

别　名：岩桂、月桂、木樨、九里香

拉丁学名：*Osmanthus fragrans* (Thunb.) Lour.

形态特征：常绿乔木或灌木。质坚皮薄，叶长椭圆形先端尖，对生，经冬不凋。花生叶腋间，花冠合瓣四裂，形小，味香。

地理分布：中国西南地区及陕南、广西、广东、湖南、湖北、江西、安徽、河南等地均有野生桂花生长。现广泛栽种于淮河流域及以南地区，其适生区北可抵黄河下游，南可至广东、广西、海南等地。长江大学校园西校区勤人湖、东校区以及路边多有种植。

花　　语：吉祥、和平、美好。

诗词文化：暗淡轻黄体性柔，情疏迹远只香留。

何须浅碧深红色，自是花中第一流。

——宋·李清照《鹧鸪天·桂花》

枇杷

拉丁文名：*Eriobotrya japonica* (Thunb.) Lindl.

别　名：芦橘、金丸、芦枝

科：蔷薇科　　属：枇杷属

形态特征：常绿小乔木。小枝粗壮，黄褐色，密生锈色或灰棕色茸毛。叶片革质，披针形、倒披针形、倒卵形或椭圆长圆形。

地理分布：原产中国，各地广泛栽培，以江苏、福建、浙江、四川等地栽培最盛。喜阳，耐旱，对土壤要求不高，常用于园林观赏。长江大学东校区一食堂附近种植。

花　　语：润物无声、关爱、陪伴。

诗词文化：深山老去惜年华，况对东溪野枇杷。

　　　　　火树风来翻绛焰，琼枝日出晒红纱。

　　　　　回看桃李都无色，映得芙蓉不是花。

　　　　　争奈结根深石底，无因移得到人家。

　　　　　　　——唐·白居易《山枇杷》

竹

科：禾本科　属：刚竹属

别　　名：竹子

拉丁学名：*Phyllostachys*

形态特征：多年生草本植物。茎为木质，通体碧绿，节数10～15。竹叶呈狭披针形，长7.5～16厘米，宽1～2厘米，先端渐尖，基部钝形，叶柄长约5毫米，边缘一侧较平滑，另一侧具小锯齿；叶面深绿色，无毛，背面色较淡，基部具微毛；质薄而较脆。竹笋长10～30厘米。

地理分布：热带、亚热带地区，东亚、东南亚和印度洋及太平洋岛屿上分布最集中。中国境内主要分布于长江以南地区。长江大学西校区勤人湖、农科大楼旁有种植。

花　　语：高洁、正直。

诗词文化：逗烟堆雨意萧森，峭石摩挲足散襟。

忘却酒瓢深草里，醉醒月出又来寻。

——明·李日华《咏竹》

枸骨

拉丁学名：*Ilex cornuta* Lindl. & Paxton

别　　名：猫儿刺、老虎刺、八角刺、鸟不宿、狗骨刺、猫儿香、老鼠树

科：冬青科　　属：冬青属

形态特征：常绿灌木或小乔木。幼枝具纵脊及沟，沟内被微柔毛或变无毛，叶片厚革质，四角状长圆形或卵形，叶面深绿色，具光泽，背淡绿色，无光泽。全缘，先端具硬刺。花很小呈淡黄色，花瓣长圆状卵形。果轮廓倒卵形或椭圆形，熟时为鲜红色。花期4—5月，果期10—12月。

地理分布：产于江苏、上海、安徽、浙江、江西、湖北、湖南等地，云南昆明等城市庭园有栽培，欧美一些国家植物园等也有栽培；生于海拔150～1 900米的山坡、丘陵等的灌丛中、疏林中以及路边、溪旁和村舍附近。长江大学西校区大门口内部东侧角落有分布。

花　　语：平安、顺遂。

诗词文化：腊月江南映雪晴，溪旁灌木抖西风。

　　　　　奇形刺叶生八角，枸骨枝头玛瑙红。

　　　　　　　　——当代·孔太《七绝·枸骨》

柑橘

科：芸香科　属：柑橘属

别名：橘、宽皮橘、蜜橘、黄橘、红橘、大红袍、大红蜜橘

拉丁学名：*Citrus reticulata* Blanco.

形态特征：枝有刺，新枝扁具棱。单身复叶，冀叶狭窄或仅有痕迹，叶片椭圆形或阔卵形，叶缘上半段有钝或圆裂齿。花单生或2～3朵簇生，花萼不规则3～5浅裂，花瓣长1.5厘米，雄蕊20～25枚，花柱细长，柱头头状。

地理分布：中国是柑橘重要原产地之一，品种资源丰富，有4 000年栽培史。世界柑橘主要分布在北纬35°以南，喜温暖湿润，水热丰沛地域可到北纬45°。长江大学西校区风华园学生公寓内有种植。

花　　语：吉祥如意、大吉大利。

诗词文化：雨滴芭蕉赤，霜催橘子黄。

　　　　　逢君开口笑，何处有他乡。

　　　　　——唐·岑参《寻阳七郎中宅即事》

长江大学曾有橘园，现已改建为体育馆，但它成为往昔农学学子们对母校的依依眷恋，"摘橘子"仿佛成为学生们来到长江大学必须要做的一件乐事。

紫荆

拉丁学名：*Cercis chinensis* Bunge

别　名：裸枝树、紫珠

科：豆科　　属：紫荆属

　　形态特征：丛生或单生灌木，高2～5米，树皮和小枝灰白色。叶纸质，近圆形，长5～10厘米，无毛，嫩叶绿色。花紫红色或粉红色，2～10朵成束，簇生于老枝和主干上，花长1～1.3厘米。荚果扁狭长形，绿色，长4～8厘米；种子黑褐色，光亮。

　　地理分布：中国常见栽培植物，多植于庭园、屋旁、街边，少数生于密林或石灰岩地区。长江大学西校区教职工宿舍附近多有种植。

　　花　　语：亲情、合家团圆、兄弟和睦。

　　诗词文化：杂英纷已积，含芳独暮春。

　　　　　　　还如故园树，忽忆故园人。

　　　　　　　　　　　——唐·韦应物《见紫荆花》

日本五针松

科：松科　属：松属

别　名：五须松、五针松、五杈松、日本五须松

拉丁学名：*Pinus parviflora Siebold & Zucc.*

形态特征：乔木。幼树树皮淡灰色，平滑，大树树皮暗灰色，裂成鳞状块片脱落；枝平展，树冠圆锥形；一年生枝幼嫩时绿色，后呈黄褐色，无树脂。针叶5针一束，微弯曲，边缘具细锯齿，背面暗绿色，无气孔线，腹面有灰白色气孔线；叶鞘早落。球果卵圆，几无梗，熟时种鳞张开；种子为不规则倒卵圆形。花期4—5月，球果第二年10—11月成熟。

地理分布：原产日本。我国引种已有百年历史，长江流域各大城市及山东青岛等地已普遍栽培，作庭园树或作盆景用，生长较慢。

花　　语：生命永存、长寿。

诗词文化：苍龙躯干铁扶枝，叠拥针松向上锥。

　　　　　　葱茏葳蕤含秀丽，庭居山石发幽思。

　　　　　　　　　　　　——当代·胥青山《七绝·五针松》

栀子

拉丁学名：*Gardenia jasminoides* Ellis

别　名：鲜栀、越桃、支子花、玉荷花、白蟾花

科：茜草科　　属：栀子属

形态特征：常绿灌木。植株低矮，高1.2米，枝干灰色，小枝绿色。单叶对生或主枝三叶轮生，叶片椭圆形，有短柄，革质，表面翠绿有光泽。花单生枝顶或叶腋，白色，味芳香。花冠呈碟状，有重瓣。浆果呈椭圆状，黄色或橙色，种子扁平。花期5—8月，果熟期10月。

地理分布：原产中国，各地区均有栽培，长江以南集中分布。长江大学西校区图书馆附近有种植。

花　　语：坚强、永恒的爱、一生的守候。

诗词文化：素华偏可憙，的的半临池。

　　　　　疑为霜里叶，复类雪封枝。

　　　　　日斜光隐见，风还影合离。

　　　　　——南北朝·萧纲《咏栀子花诗》

凤尾竹

科：禾本科　　属：簕竹属

别　名：观音竹、米竹、筋头竹、蓬莱竹

拉丁学名：*Bambusa multiplex f. fernleaf*

形态特征：孝顺竹变种。植株可达6米，竿中空，绿色。叶鞘无毛，纵肋稍隆起，背部具脊，叶耳肾形，边缘具波曲状细长毛，叶舌圆拱形，叶片线形，上表面无毛，下表面粉绿而密被短柔毛，小穗含小花。花药紫色，子房卵球形，羽毛状。

地理分布：原产中国，华东、华南、西南以及台湾、香港均有栽培。常见于长江大学西校区南门树林附近。

花　　语：平安。

诗词文化：独坐幽篁里，弹琴复长啸。

深林人不知，明月来相照。

——唐·王维《竹里馆》

金银花

拉丁学名：*Lonicera japonica* Thunb.

别　名：金银藤、银藤、二色花藤、二宝藤、右转藤、子风藤、鸳鸯藤、二花

科：忍冬科　　属：忍冬属

形态特征：多年生半常绿藤本植物。小枝细长，中空，藤为褐色至赤褐色。卵形叶子对生，枝叶均密生柔毛和腺毛。夏季开花，苞片叶状，花成对生于叶腋，花色初为白色，渐变为黄色。浆果球形，熟时黑色。

地理分布：中国各省份均有分布。朝鲜和日本也有分布。北美洲逸生成为难除的杂草。长江大学校园花坛有种植。

花　　语：城市的爱、真爱、鸳鸯成对、厚道。

诗词文化：芜园寂寂夏初长，绿影依稀入旧廊。

　　　　　竹外潺潺闻新水，桥头冉冉涌晴芳。

　　　　　银飞晨雾江潮白，金染寒云塞草黄。

　　　　　落尽繁华归一处，空留尘世半分香。

　　　　　　　　——当代·一隅斋《金银花》

石楠

科：蔷薇科　属：石楠属

别　名：红树叶、石岩树叶、水红树、山官木、细齿石楠、凿木、猪林子、千年红

拉丁学名：*Photinia serratifolia Kalkman*

形态特征：常绿灌木或小乔木。枝褐灰色，无毛。叶片椭圆形或长倒卵形，先端尾尖，基部圆形或宽楔形，边缘有细锯齿，中脉显著，侧脉25～30对；叶柄粗壮，长2～4厘米。花序顶生，色白。果球形，红色或紫色。

地理分布：分布于中国、日本和印度尼西亚等国家。长江大学东校区教学楼附近花坛多有种植。

花　语：孤独、索然无味、威严、庄重。

诗词文化：留得行人忘却归，雨中须是石楠枝。

　　　　　明朝独上铜台路，容见花开少许时。

　　　　　　　　——唐·王建《看石楠花》

海桐

拉丁学名：*Pittosporum tobira* (Thunb.) Ait.

别　名：海桐花、山矾、七里香、宝珠香、山瑞香

科：海桐科　　属：海桐属

形态特征：常绿灌木或小乔木。嫩枝被褐色柔毛，有皮孔。叶聚生于枝顶，革质。伞形花序顶生或近顶生，花白色，有芳香，后变黄色。果圆球形，有棱或三角形，直径12毫米。

地理分布：产于中国东南部，长江流域和淮河流域广泛种植。长江大学西校区6号教学楼旁有种植。

花　　语：记得我。释意：为人处事需要"记得"，"记得"才会有感恩之心，有感恩之心才会有感恩之举。

诗词文化：槐阴清润麦风凉，一枕闲眠昼漏长。

山鹊喜晴当户语，海桐带露入帘香。

酒缘久病常辞酌，茶为前衔偶得尝。

云北云南动游兴，速呼小竖治轻装。

——宋·陆游《初暑》

棕竹

科：棕榈科　属：棕竹属

别　名：观音竹、筋头竹、棕榈竹、矮棕竹

拉丁学名：*Rhapis excelsa* (Thunb.) Henry ex Rehd.

形态特征：丛生灌木。高2～3米，茎干直立圆柱形，有节，直径1.5～3厘米，茎纤细，不分枝。叶集生茎顶，掌状深裂，裂片4～10片。肉穗花序腋生，长约30厘米，花小，淡黄色，雌雄异株。果实球状，直径8～10毫米，种子球形。

地理分布：主要分布于东南亚，中国南部至西南部、日本亦有分布，常繁殖生长在山坡、沟旁荫蔽潮湿的灌木丛中。长江大学东、西校区树林内多有种植。

花　语：胜利。

诗词文化：惠我棕竹杖，来从九真烟。

　　　　　亭亭方百节，踽踽已多年。

　　　　　忆岳重游易，过桥得影先。

　　　　　夕阳筋骨好，醉入杏花边。

　　　　　——明·梁以壮《谢黄西村惠安南棕竹杖》

山茶

拉丁学名：*Camellia japonica* Linn.

别　　名：曼陀罗树、薮春、山椿、耐冬、山茶花、晚山茶

科：山茶科　　属：山茶属

形态特征：常绿阔叶灌木或小乔木。高可达15米，树冠卵形，树皮灰褐色，枝条黄褐色。叶片革质，互生，椭圆形，长4～10厘米，先端渐尖，基部楔形至近半圆形，边缘有锯齿，叶片正面为深绿色，背面较淡。花顶生，红色，无柄。

地理分布：产于中国浙江、江西、四川和山东；日本、朝鲜也有分布。长江大学西校区南门有种植。

花　　语：理想的爱、谦让。

诗词文化：东园三日雨兼风，桃李飘零扫地空。

　　　　　惟有山茶偏耐久，绿丛又放数枝红。

　　　　　　　——宋·陆游《山茶花》

苏铁

科：苏铁科　属：苏铁属
别　名：铁树、凤尾铁、凤尾蕉、凤尾松
拉丁学名：*Cycas revoluta* Thunb.

形态特征：常绿乔木。茎粗圆，树干高2米，有明显螺旋状排列的菱形叶柄，无分枝。叶簇生于茎顶，大型羽状复叶排列紧密，小叶短而窄，革质，尖端坚硬，浓绿色具光泽，叶缘反卷。种子红褐色或橘红色，卵圆形，稍扁，密生灰黄色短茸毛，后渐脱落。

地理分布：产于福建、台湾、广东，各地庭院常有栽培，冬季可置于温室越冬。长江大学西校区3号教学楼前有种植。

花　　语：坚贞不屈、刚强坚持、长寿富贵、吉祥如意等。

诗词文化：夏来苏铁悄开花，剑叶梳风倩影斜。

　　　　　雄树姿优雌蕊秀，绿迷庭院翠盈家。

　　　　　　　——现代·王戎人《七绝·咏苏铁》

红花檵 (jì) 木

拉丁学名：*Loropetalum chinense* (R. Br.) Oliver var. *rubrum* Yieh

别　　名：红继木、红桎木、红桎木、红檵花、红梽花、红桎花、红花继木

科：金缕梅科　　属：檵木属

形态特征：常绿灌木或小乔木。树皮灰褐色，多分枝。嫩枝红褐色，密被星状毛。叶革质互生，卵圆形，长2～5厘米，暗红色。花瓣4枚，长1～2厘米，花3～8朵簇生于小枝端，头状花序，紫红色。蒴果褐色，近卵形。花期4—5月。

地理分布：主要分布于中国长江中下游及以南地区，印度北部也有分布。长江大学西校区2号教学楼南侧有种植。

花　　语：发财、幸福、相伴一生。

诗词文化：檵木初开思杳然，因花造字古来鲜。

　　　　　风吹红树层林艳，雨润丝花翠枝甜。

　　　　　水畔红裙飘短棹，湖中倩影荡长船。

　　　　　夜深人静谁与伴，同倚曲栏望月圆。

　　　　　　　　　——现代·森林云烟《红花檵木》

夹竹桃

科：夹竹桃科　　属：夹竹桃属

别　　名：红花夹竹桃、柳叶桃树、洋桃、叫出冬、柳叶树、洋桃梅、枸那

拉丁学名：*Nerium oleander* Mill

形态特征：常绿直立大灌木，高可达5米。枝条灰绿色，嫩枝条具棱，被微毛，老时毛脱落。叶3～4枚轮生，叶面深绿，叶背浅绿色，中脉在叶面陷入，叶柄扁平。聚伞花序顶生，花冠为漏斗状，呈粉红色。种子长圆形。夏秋为盛花期。

地理分布：原产于印度、伊朗和尼泊尔，中国各地有栽培，常在公园、风景区、道路旁或河旁、湖旁周围栽培。长江大学校园西校区二号教学楼旁湖边有种植。

花　　语：桃色夹竹桃代表咒骂，注意危险；黄色夹竹桃代表深刻的友情。

诗词文化：芳姿劲节本来同，绿荫红妆一样浓。

　　　　　我若化龙君作浪，信知何处不相逢。

　　　　　　　　　　　——宋·汤清伯《夹竹桃》

金边黄杨

拉丁学名：*Euonymus japonicus* Thunb. var. *aurea-marginatus* Hort.

别　　名：金边冬青卫矛、金边大叶黄杨

科：卫矛科　　属：卫矛属

形态特征：常绿灌木或小乔木，老干褐色，枝叶密生，单叶对生，倒卵形或椭圆形，边缘具钝齿，表面深绿色，叶缘金黄色，有光泽。聚伞花序腋生，具长梗，花绿白色。蒴果球形，淡红色，假种皮橘红色。

地理分布：北亚热带落叶、常绿阔叶混交林区，中亚热带常绿、落叶阔叶林区都有分布。长江大学西校区1号教学楼小广场南有种植。

花　　语：严肃、正义。

诗词文化：蝶枕难回梦了，鸳帷可奈情何。卿怜我惜也曾过。昏黄杨柳月，懊恼竹枝歌。

翠点春山浅黛，香生尘袜轻罗。阿谁无赖动人多。眉颦飞语后，回首小婆娑。

　　　　　　　——现代·吴湖帆《临江仙·其二》

黄杨

科：黄杨科　　属：黄杨属

别　　名：山黄杨、千年矮、百日红、万年青、豆板黄杨、瓜子黄杨

拉丁学名：*Buxus sinica* (Rehd. et Wils.) Cheng

形态特征：灌木或小乔木，高1～6米；枝四棱形，被短柔毛。叶革质，长圆形，叶面光亮，中脉凸出，下半段常有微细毛。花序腋生，头状，雄花约10朵，无花梗。蒴果近球形。花期3月，果期5—7月。

地理分布：多生海拔1 200～2 600米的山谷、溪边、林下。分布于中国陕西、甘肃、湖北、四川、贵州、广西、广东、江西、浙江、安徽、江苏和山东。长江大学西校区南门附近有种植。

花　　语：不屈不挠。

诗词文化：黄杨性坚贞，枝叶亦刚愿。

　　　　　三十六旬久，增生但方寸。

　　　　　今何成修林，左右映烟蔓。

　　　　　良材岂一二，所期先愈钝。

　　　　　　　　　——宋·李廌《黄杨林诗》

小叶黄杨

拉丁学名：*Buxus sinica var. parvifolia M. Cheng*

别　　名：豆瓣黄杨、山黄杨、黄杨木

科：黄杨科

属：黄杨属

形态特征：叶薄革质，阔椭圆形或阔卵形，宽5～7毫米，叶面无光或光亮，侧脉明显凸出。蒴果无毛。湖北兴山产的，小枝被较长毛，叶呈长圆形或长圆状倒卵形，上面极光亮。

地理分布：产于安徽（黄山）、浙江（龙塘山）、江西（庐山）、湖北（神农架及兴山），生于岩上，海拔1 000米。长江大学西校区农科大楼正门两侧均有种植。

花　　语：不屈不挠、坚持。

诗词文化：八寸黄杨惠不轻，虎头光照簟文清。

空心想此缘成梦，拔剑灯前一夜行。

——唐·张祜《酬凌秀才惠枕》

金丝桃

科：金丝桃科　　属：金丝桃属

别　　名：过路黄、狗胡花、金丝莲、金线蝴蝶

拉丁学名：*Hypericum monogynum* L.

形态特征：灌木。丛状或通常有疏生的开张枝条，茎红色。叶对生；叶片倒披针形或椭圆形至长圆形，先端锐尖至圆形。花序自茎端第1节生出；花梗细长。花蕾卵珠形，先端近锐尖至钝形。蒴果宽卵珠形或稀为卵珠状圆锥形至近球形。种子深红褐色，圆柱形。花期5—8月，果期8—9月。

地理分布：我国各省份均有栽培，生于山坡、路旁或灌丛中，沿海地区海拔0～150米，山地上升至1500米。长江大学西校区离退教职工活动中心南门有灌木丛种植。

花　　语：娇媚、哀婉。

诗词文化：菲菲红紫送春去，独自黄葩夏日闲。

　　　　　那得文仙归故园，黄冠相向到邱山。

　　　　　　　　　　　　——宋·吕本中《金丝桃》

八角金盘

拉丁学名：*Fatsia japonica* (Thunb.) Decne. et Planch.

别　　名：八金盘、八手、手树、金刚纂

科：五加科　　属：八角金盘属

形态特征：常绿灌木或小乔木，高达5米。茎光滑无刺。叶柄长10～30厘米，叶片大，革质，近圆形，直径12～30厘米，先端短渐尖，基部心形，边缘有疏离粗锯齿，边缘有时呈金黄色。果实近球形，直径5毫米，熟时黑色。花期10—11月，果熟期为翌年4月。

地理分布：原产于日本南部，中国华北、华东及云南庭园分布。长江大学西校区图书馆附近有种植。

花　　语：象征坚强、有骨气、八方来财、聚四方才气、更上一层。

诗词文化：八角金盘广进财，花球簇顶向天开。

　　　　　风摇翡翠清音响，福运随之滚滚来。

　　　　　　　　——现代·吴山野士《七绝·八角金盘》

金叶女贞

科：木樨科　属：女贞属
别　名：英国女贞、金边女贞
拉丁学名：*Ligustrum × vicaryi* Hort.

　　形态特征：落叶灌木，高1～2米，冠幅1.5～2米。叶色金黄，叶片较大，单叶对生，椭圆形，长2～5厘米。总状花序，小花白色。核果阔椭圆形，紫黑色。

　　地理分布：华北南部至华东暖温带落叶阔叶林区都有分布。长江大学西校区1号教学楼前小广场、农科大楼前有种植。

　　花　　语：永远不变的爱。

　　诗词文化：女贞乃木之佳讳兮，鸿亦非偶而不翔。

　　　　　　　睹微物之清淑兮，生与俪而休有光。

　　　　　　　　　　　　　　——明·葛高行文《望洛阳》

花叶青木

拉丁学名：*Aucuba japonica* var. *variegata* Dombrain

别　　名：洒金珊瑚、洒金日本珊瑚、洒金东瀛珊瑚、洒金桃叶珊瑚

科：丝缨花科　　属：桃叶珊瑚属

形态特征：常绿灌木。枝、叶对生。叶革质，长椭圆形，卵状长椭圆形，稀阔披针形。花柱粗壮，柱头偏斜。果卵圆形，暗紫色或黑色，具种子1枚。花期3—4月，果期至翌年4月。

地理分布：我国各大中城市公园及庭园中均引种栽培为观赏植物；长江大学西校区体育馆北侧、西校区图书馆东侧均有种植。

花　　语：温暖、祥和。

诗词文化：嘉陵天气好，百里见双流。

帆影缘巴字，钟声出汉州。

绿原春草晚，青木暮猿愁。

本是风流地，游人易白头。

——唐·李端《送友人游蜀》

剑麻

科：天门冬科　　属：龙舌兰属

别　名：菠萝麻、水丝麻、龙舌兰麻、西纱尔麻、巴哈马麻

拉丁学名：Agave sisalana Perr. ex Engelm.

形态特征：多年生植物。茎粗短。叶呈莲座式排列，叶刚直，肉质，剑形，叶缘无刺或偶具刺，顶端有1硬尖刺，刺红褐色；花黄绿色，有浓烈的气味。蒴果长圆形，一般6～7年生的植株便可开花，花期多在秋冬间，开花和长出珠芽后植株便死亡，通常花后不能正常结实，靠生长大量的珠芽进行繁殖。

地理分布：我国南方及西南地区有栽培。生长6～9年后或10～15年后秋季开花，花后果熟植株即枯。长江大学西校区学生服务中心南门花池内有分布。

花　语：为爱付出一切。

诗词文化：汉家都护边头没，旧将麻衣万里迎。

　　　　　阴地背行山下火，风天错到碛西城。

　　　　　　　　　　——唐·王建《送阿史那将军安西迎旧使灵榇》

南天竹

拉丁学名：*Nandina domestica Thunb.*

别　　名：南天竺、红杷子、天烛子、红枸子、钻石黄、天竹、兰竹

科：小檗科　　属：南天竹属

形态特征：常绿小灌木。茎常丛生而少分枝，幼枝常为红色，老后呈灰色。小叶薄革质，椭圆形或椭圆状披针形，顶端渐尖，冬季变红色，两面无毛。浆果球形，熟时鲜红色，稀橙红色。种子扁圆形。花期3—6月，果期5—11月。

地理分布：产于我国中东部地区，生于山地林下沟旁、路边或灌丛中或海拔1 200米以下。日本和北美东南部等地区有栽培。长江大学西校区生命科学技术研究中心西侧种植。

花　　语：长寿、吉祥、好兆头。

诗词文化：花吐清白树拒残，一身绿甲藐霜寒。

　　　　　新冬粒粒殷勤子，寄语人间岁岁安。

　　　　　　　　——当代·湖上云《南天竹》

紫茉莉

科：紫茉莉科　　属：紫茉莉属

别　名：野丁香、苦丁香、状元花

拉丁学名：*Mirabilis jalapa L.*

形态特征：一年生草本，高可达1米。根肥粗，倒圆锥形，黑色或黑褐色。茎直立，多分枝，无毛或疏生细柔毛，节稍膨大。叶片卵形或卵状三角形，长3～15厘米，宽2～9厘米，顶端渐尖，基部心形，全缘，两面均无毛，脉隆起。

地理分布：原产美洲热带地区。中国各地常作为观赏花卉栽培。长江大学西校区教职工宿舍前有种植。

花　　语：贞洁、质朴、玲珑、臆测、猜忌、成熟美、胆小、怯懦。

诗词文化：艳蕾繁叶护苔墙，茉莉应输时世妆。

　　　　　独有一般怀慊处，谁知衣紫反无香。

　　　　　　　　　　——清·乾隆《题钱维城九秋图·其二·紫茉莉》

蚊母树

拉丁学名：*Distylium racemosum* Siebold & Zucc.

别　　名：米心树、蚊母、蚊子树

科：金缕梅科　　属：蚊母树属

形态特征：常绿灌木。嫩枝粗壮，被褐色柔毛，老枝暗褐色，无毛；叶革质，矩圆形，先端略尖，基部阔楔形；叶柄略有柔毛；托叶披针形，早落。蒴果卵圆形，外面有褐色星状柔毛。种子长3～4毫米，褐色，有光泽。

地理分布：分布于我国福建、浙江、台湾、广东、海南；亦见于朝鲜及日本。长江大学西校区大门口中间绿植带两侧均有种植。

花　　语：奉献、互助。

诗词文化：簇簇米心几度红，春光片染翠馨浓。

　　　　　风霜雨雪川前过，不改千年万叶松。

　　　　　　　　　——当代·佚名《米心树》

仙人掌

科：仙人掌科　属：仙人掌属
别　名：扁金铜、绿仙人掌
拉丁学名：*Opuntia dillenii* (Ker Gawl.) Haw.

形态特征：肉质灌木或小乔木。分枝多，开展，倒卵形、倒卵状长圆形或倒披针形，老时生刺。叶钻形，绿色或带红色，早落；瓣状花被片深黄色，花丝淡绿色，花药淡黄色，花柱淡绿色至黄白色，柱头黄白色。浆果梨形或倒卵球形，紫红色。种子多数，肾状椭圆形，淡黄褐色。花期4—8月。

地理分布：原产巴西、巴拉圭、乌拉圭及阿根廷，世界各地广泛栽培，在热带地区及岛屿常逸生。我国各地有引种栽培，在云南南部及西部、广西、福建南部和台湾沿海地区，生于海拔3～2 000米海边或山坡开旷地。长江大学东校区植物园、西校区教职工宿舍楼前、窗台均有种植。

花　　语：坚强、风雨之后会有彩虹。

诗词文化：沙漠里的仙人掌，是那么顽强，那么倔强，独自在沙漠里生长。沙漠里的仙人掌，散发出绿色的光芒，在沙漠里绽放。沙漠里的仙人掌，比天上的星星更加闪亮，比钻石更加漂亮。因为它在沙漠里生长，在绝境中不屈向上，独自在沙漠中发出最耀眼的光。

——当代·孔姝云《沙漠里的仙人掌》

沿阶草

拉丁学名：*Ophiopogon bodinieri Levl.*

别　名：书带草、绣墩草

科：天门冬科　　属：沿阶草属

　　形态特征：根纤细，近末端处有时具膨大成纺锤形的小块根。地下走茎长，茎很短。叶基生成丛，禾叶状，边缘具细锯齿。花葶较叶稍短或几等长，总状花序；苞片条形或披针形；花丝很短；花药狭披针形常呈绿黄色；花柱细。种子近球形或椭圆形。花期6—8月，果期8—10月。

　　地理分布：产于我国云南、贵州、四川、湖北、河南、陕西（秦岭以南）、甘肃（南部）、西藏和台湾。生于海拔600～3 400米的山坡、山谷潮湿处、沟边、灌木丛下或林下。长江大学东校区室内游泳馆对面林下、东校区主教对面林下、东校区矿物质展览园周边林下、西校区图书馆楼前地形上等均有分布。

　　花　　语：能屈能伸、坚持、长寿。

　　诗词文化：沿阶小草自欣欣，但得容身不复闻。

　　　　　　终日餐霞心寂寞，幽栖自乐吐清芬。

　　　　　　　　　　——当代·平水韵《七绝·沿阶草》

芦荟

科：：阿福花科　属：：芦荟属

别　名：：卢会、象胆、库拉索芦荟

拉丁学名：：*Aloe vera* (L.) Burm.

　　形态特征：茎较短。叶近簇生，肥厚多汁，条状披针形，粉绿色。花葶不分枝或有时稍分枝；总状花序具几十朵花；苞片近披针形，先端锐尖；花淡黄色而有红斑；花柱明显伸出花被外。

　　地理分布：我国南方各省份，温室常见栽培，也有由栽培变为野生的。长江大学西校区教职工宿舍前、西校区温室内多有种植。

　　花　　语：洁身自爱。

　　诗词文化：体貌无佳处，龙舌四季鲜。

　　　　　　　伊人常养莳，岂止供观瞻。

　　　　　　　　　　　　——当代·刘洪秉《芦荟赞》

杜鹃

拉丁学名：*Rhododendron simsii* Planch

别　名：映山红、山踯躅

科：杜鹃花科　　属：杜鹃花属

形态特征：落叶灌木，高2～5米，分枝多而纤细。叶为革质，常聚集生在枝端，呈卵形，前端短逐渐变尖，叶子边缘微微反卷并带有细齿，上面深绿色，下面淡白色。花冠呈阔漏斗形，有玫瑰色、鲜红色或暗红色。花期4—5月，果期6—8月。

地理分布：主要产于东亚和东南亚，在中国集中产于西南、华南地区。杜鹃喜酸性肥沃土壤，耐阴凉喜温暖，在山地空气湿润凉爽处，才能生长良好。长江大学校园林地有种植。

花　　语：永远属于你。

诗词文化：蜀国曾闻子规鸟，宣城还见杜鹃花。

　　　　　一叫一回肠一断，三春三月忆三巴。

　　　　　　　　　——唐·李白《宣城见杜鹃花》

荷花

科：莲科　　属：莲属

别　名：莲花、水芙蓉、藕花、芙蕖、水芝、水华、泽芝、水芸、菡萏

拉丁学名：*Nelumbo nucifera* Gaertn.

形态特征：地下茎长而肥厚，有长节，叶盾圆形。花单生于花梗顶端，花瓣多数嵌生于花托穴内，有红、粉红、白、紫等色。果实椭圆形，种子卵形。花期6—9月。

地理分布：一般分布在中亚、西亚、北美及印度、中国和日本等亚热带、温带地区。中国南起海南岛，北至黑龙江，东起上海及台湾，西到天山北麓均有分布。垂直分布可达海拔2 000米，秦岭和神农架深山池沼中亦可见。长江大学各校区水塘均有种植。

花　　语：清白、高尚、谦虚。

诗词文化：毕竟西湖六月中，风光不与四时同。

　　　　　　接天莲叶无穷碧，映日荷花别样红。

　　　　　　　　　　　　——宋·杨万里《晓出净慈寺送林子方》

白睡莲

拉丁学名：*Nymphaea alba Linn.*

别　名：子午莲、水芹花、欧洲白睡莲

科：睡莲科　　属：睡莲属

形态特征：茎为匍匐根茎，萼片披针形脱落或在花期之后腐烂。花瓣白色、卵状，外轮略长于萼片。花托为圆柱形。果实为浆果，扁平至半球形。种子椭圆形，长2～3厘米。

地理分布：常见于欧洲大陆湿地，西亚和高加索地区。中国浙江、山东、河北、陕西和云南等地亦有栽培。长江大学各校区池塘均有种植。

花　　语：洁净、纯真、妖艳。

诗词文化：云水之间设钓台，层层绿意隐香腮。

　　　　　远离俗世浮华者，只与诗人共往来。

　　　　　——现代·子瑜《睡莲》

二、落叶植物

对节白蜡

拉丁学名：*Fraxinus hubeiensis*

别　名：湖北梣、湖北白蜡

科：木樨科　属：梣属

形态特征：落叶大乔木，高达19米，胸径达1.5米。树皮深灰色，老时纵裂；营养枝常呈棘刺状。小枝挺直，被细茸毛或无毛。小叶革质，披针形至卵状披针形，先端渐尖，基部楔形，叶缘具锐锯齿。花杂性，密集簇生于去年生枝上。两性花花萼钟状，花丝较长。翅果匙形。花期2—3月，果期9月。

地理分布：主要产于我国湖北，特有物种，生海拔600米以下的低山丘陵地。长江大学校内各大校区教学楼前均有种植。

花　　语：成功、顺利。

诗词文化：傲娇身世湖初唐，玉掌曾凝翡翠光。

　　　　　恃宠由来难久贵，劫波印记对节伤。

　　　　　　——当代·李灵光《李灵光中华市树诗》

注：对节白蜡在1975年首次被我校（原湖北农学院）苏丕林教授于湖北省京山县虎爪山林场发现，同年在湖北省钟祥市大口林场采集到模式样本。1979年，该物种被正式命名为"对节白蜡"。

悬铃木

科：悬铃木科　属：悬铃木属
别　名：净土树、法国梧桐、三球悬铃木
拉丁学名：*Platanus orientalis* Linn.

形态特征：落叶大乔木，高达30米。树皮薄片状脱落。叶大，轮廓阔卵形。雄性球状花序无柄，基部有长茸毛；雌性球状花序常有柄，萼片被毛。果枝长10～15厘米，圆球形头状果序3～5个，小坚果之间有黄色茸毛。

地理分布：悬铃木引入中国已有百年历史，生长较好。长江大学东校区路边多有种植。

花　语：才华横溢。

诗词文化：悬铃行道树之王，乔木干粗臂膀张。

绿叶如同三角板，炎炎酷暑伞荫凉。

深秋也挂橙红果，非是梧桐聚凤凰。

待到仲春晴色暖，绒球乍裂絮绵扬。

——现代·敫净《悬铃木》

胡桃

拉丁学名：*Juglans regia* L.

别　　名：核桃

科：胡桃科　属：胡桃属

形态特征：乔木。树干较矮，树冠广阔；树皮幼时灰绿色，老时则灰白色而纵向浅裂；小枝无毛，具光泽，小叶椭圆状卵形至长椭圆形，顶端钝圆或急尖、短渐尖，基部歪斜；果实近于球状；果核稍具皱曲；隔膜较薄。花期5月，果期10月。

地理分布：产于我国华北、西北、西南、华中、华南和华东地区。分布于中亚、西亚、南亚和欧洲。生于海拔400～1 800米山坡及丘陵地带，我国平原及丘陵地区常见栽培。长江大学西校区室内体育馆北侧有种植。

花　　语：坚忍不拔、忠实。

诗词文化：叶底青丝乍委攘，枝头碧子渐含浆。

　　　　　燕南山北家家种，不比齐东枣栗场。

　　　　　　　　　　——明·刘崧《核桃树》

石榴

科：千屈菜科　属：石榴属

别　名：安石榴、山力叶、丹若、若榴木、金罂、金庞、涂林、天浆、花石榴

拉丁学名：*Punica granatum* L.

形态特征：落叶灌木或乔木。一般植株高 3～5 米，少数可达到 10 米；枝顶常有尖锐长刺，幼枝有棱角但无毛，老枝近圆柱形；叶通常为对生，长圆状披针形；花大，通常为红或淡黄色；浆果为近球形，通常淡黄褐或淡黄绿色，有时白色、稀暗紫色；种子多数，肉质外种皮为淡红色至乳白色。

地理分布：原产中国，各地均有栽培，长江以南集中分布。长江大学西校区 5 号教学楼附近的树林、农科大楼前有种植。

花　　语：多子多福。

诗词文化：榴枝婀娜榴实繁，榴膜轻明榴子鲜。

　　　　　可羡瑶池碧桃树，碧桃红颊一千年。

　　　　　——唐·李商隐《石榴》

合 欢

拉丁学名：*Albizia julibrissin Durazz*

别　名：马缨花、绒花树、合昏、夜合、鸟绒、青棠

科：豆科　　属：合欢属

形态特征：落叶乔木、无刺灌木或小乔木。高15米，树干较直，树皮灰绿或灰色。二回羽状复叶，偶数，小叶线形，银灰色或浅灰蓝色。头状花序，具小花30～40朵，黄色，有香气。荚果长带形，果皮暗褐色，密被茸毛。种子圆形，黑色，有光泽。

地理分布：原产于澳大利亚东南部，为喜光树种，不耐阴。我国云南、广西、福建都有引种。长江大学西校区南门有种植。

花　　语：稍纵即逝的快乐。

诗词文化：朝看无情暮有情，送行不舍合留行。
　　　　　长亭诗句河桥酒，一树红绒落马缨。
　　　　　——清·乔茂才《夜合花》

水杉

别　名：水杉
科：杉科　属：水杉属
拉丁学名：*Metasequoia glyptostroboides*

　　形态特征：落叶乔木，高达35米。树干基部常膨大；树皮灰色，内皮淡紫褐色，小枝对生，下垂。叶线形，交互对生，假二列成羽状复叶状，长1～1.7厘米。雌雄同株，果实下垂，近球形，微具四棱，长1.8～2.5厘米，有长柄，种子扁平，周围具窄翅。

　　地理分布：水杉适应性强，喜湿润，生长快，全国多地引种，尤以东南和中部栽培最多。长江大学西校区6、7号教学楼东侧作行道树，各校区均有种植。

　　花　　语：活化石。

　　诗词文化：嗟乎老子启精蓝，树下藤萝手自芟。

　　　　　　　　遗爱不教终断绝，山前山后长新杉。

　　　　　　　　　　　　　　——宋·钱闻诗《万杉》

银 杏

拉丁学名：*Ginkgo biloba Linn.*

别　名：白果、公孙树、鸭脚树、蒲扇

科：银杏科　　属：银杏属

形态特征：落叶大乔木，树高15米。幼树树皮近平滑，浅灰色，大树树皮灰褐色，不规则纵裂，粗糙。4月开花，10月成熟，种子具长梗，下垂，常为椭圆形，外种皮肉质，被白粉，外种皮肉质，熟时黄色或橙黄色。

地理分布：银杏分布范围广泛，各地都有栽培。长江大学西校区2号教学楼南有种植。

花　　语：坚韧与沉着、纯情之情、永恒的爱。

诗词文化：等闲日月任西东，不管霜风著鬓蓬。

满地翻黄银杏叶，忽惊天地告成功。

——宋·葛绍体《晨兴书所见》

枫杨

科：胡桃科　属：枫杨属

别　名：麻柳、蜈蚣柳

拉丁学名：*Pterocarya stenoptera* C. DC.

形态特征： 大乔木。幼树树皮平滑，浅灰色，老时则深纵裂。小枝灰色至暗褐色，具灰黄色皮孔。叶轴具翅至翅不甚发达，与叶柄一样被有疏或密的短毛；无小叶柄，对生或稀近对生。果实长椭圆形，基部常有宿存的星芒状毛；果翅狭，条形或阔条形，具近于平行的脉。花期4—5月，果熟期8—9月。

地理分布： 产于我国陕西、河南、山东、安徽、江苏、浙江、江西、福建、台湾、广东、广西、湖南、湖北、四川、贵州、云南，华北和东北仅有栽培。长江大学西校区温室大棚东侧有种植。

花　　语： 纯洁、盟约、自由。

诗词文化： 笋舆放下倦腾腾，睡倚胡床撼不应。

　　　　榉柳细花吹面落，误挥团扇扑飞蝇

　　　　　　　　——宋·杨万里《小憩枡椿》

朴树

拉丁学名：*Celtis sinensis* Pers.

别　名：棫朴、朴、小叶牛筋树、濮树

科：大麻科　　属：朴属

形态特征：高大落叶乔木。叶多为卵形或卵状椭圆形，不带菱形，基部几乎不偏斜或仅稍偏斜，先端尖至渐尖，质地不厚。果较小，一般直径5～7毫米，很少有达8毫米的。花期3—4月，果期9—10月。

地理分布：产于我国中东部和西南地区，多生于路旁、山坡、林缘，海拔100～1 500米。长江大学西校区农科大楼正门前、东校区新操场看台西侧等均有种植。

花　　语：美好、朴实无华、思念。

诗词文化：云枝青秀甲，瑶树绿清姿。

　　　　　泽雨春生翠，暄风遁入时。

　　　　　　　　——当代·佚名《朴树·春吟》

构树

科：桑科　　属：构属

别　名：构乳树、谷浆树、构桃树、谷木、楮树、沙纸树、楮实子

拉丁学名：*Broussonetia papyrifera*

形态特征：高大乔木或灌木状植物。树皮暗灰色。小枝密被灰色粗毛；叶宽卵形或长椭圆状卵形，先端尖，基部近心形、平截或圆，具粗锯齿。花雌雄异株，雄花序粗，雌花序头状。聚花果球形，成熟时橙红色，肉质，瘦果具小瘤，龙骨双层，外果皮壳质。花期4—5月；果期6—7月。

地理分布：产于我国南北各地。印度、缅甸、泰国、越南、马来西亚、日本、朝鲜也有，野生或栽培。长江大学武汉校区、东校区和西校区均有野生种分布。

花　　语：延年益寿、吉祥喜庆、吉祥、顽强。

诗词文化：鹤鸣于九皋，声闻于天。

　　　　　鱼在于渚，或潜在渊。

　　　　　乐彼之园，爰有树檀，其下维榖。

　　　　　他山之石，可以攻玉。

　　　　　　　　——先秦·佚名《诗经·小雅》

榆 树

拉丁学名：*Ulmus pumila L.*

别　名：榆、白榆、家榆

科：榆科　　属：榆属

　　形态特征：落叶乔木。幼树树皮平滑，灰褐色或浅灰色；小枝无毛或有毛，淡黄灰色、淡褐灰色或灰色。叶椭圆状卵形，花先叶开放，在去年生枝的叶腋成簇生状。翅果近圆形，稀倒卵状圆形，果核部分位于翅果的中部，上端不接近或接近缺口，成熟前后其色与果翅相同，初淡绿色，后白黄色，花果期3—6月（东北较晚）。

　　地理分布：分布于我国各省份，生于海拔1 000米以下的山坡、山谷、川地、丘陵及沙岗等处。长江大学教科研基地、西校区大门东侧均有分布。

　　花　　语：甜美、机缘。

　　诗词文化：榆柳荫后檐，桃李罗堂前。

　　　　　　　暧暧远人村，依依墟里烟。

　　　　　　　　　　——晋·陶渊明《归园田居》

杨树

别　名：白杨、青杨、大叶杨、响叶杨、毛白杨
科：杨柳科　属：杨属
拉丁学名：*Populus L.*

　　形态特征：落叶乔木。树干通直，树皮光滑，灰白色。枝有长短枝之分，圆柱状。叶互生，多为卵圆形，齿状缘；叶柄长，侧扁。葇荑花序下垂，常先叶开放；雄花序较雌花序稍早开放。种子小。

　　地理分布：杨树是世界上分布最广、适应性最强的树种，主要分布北半球温带、寒温带。中国东北、西北、华北和西南等地均有分布。长江大学校园东校区工字楼附近有种植。

　　花　　语：纯洁与盟约。

　　诗词文化：荒草何茫茫，白杨亦萧萧。
　　　　　　　严霜九月中，送我出远郊。
　　　　　　　　　　　　——东晋·陶渊明《拟挽歌辞·其三》

桑树

拉丁学名：*Morus alba* L.

别　名：桑葚木、白桑

科：桑科　　属：桑属

形态特征：乔木或灌木。树皮厚，灰色。冬芽红褐色，卵形。叶卵形或广卵形，先端急尖、渐尖或圆钝。花单性，腋生或生于芽鳞腋内，与叶同时生出；雄花序下垂，花被片宽椭圆形，淡绿色。雌花无梗，花被片倒卵形，顶端圆钝。聚花果卵状椭圆形，成熟时红色或暗紫色。花期4—5月，果期5—8月。

地理分布：原产我国中部和北部，现从东北至西南、西北直至新疆均有栽培。朝鲜、日本、蒙古、俄罗斯及中亚各国、欧洲等地，以及印度、越南均有栽培。长江大学教科研太湖基地、西校区大门口两侧等均有种植。

花　　语：生死与共、同甘共苦。

诗词文化：建水樵川隔几重，相逢孰意大江东。

　　　　　客行芳草垂杨外，春在柔桑小麦中。

　　　　　细雨疏田流水碧，残霞拥树远林红。

　　　　　浮生聚散浑无定，有酒何妨一笑同。

　　　　　　　　——宋·赵若槸《过樵川林时中》

垂柳

科：杨柳科　属：柳属

别　名：水柳、清明柳、碧玉

拉丁学名：*Salix babylonica Linn.*

形态特征：落叶乔木，高12～18米。小枝细长下垂，淡黄褐色。叶互生，披针形，长8～16厘米，先端渐长尖，基部楔形，无毛或幼叶微有毛，具细锯齿。花序比叶先开放或与叶同时开放；花期3—4月；蒴果呈现绿黄褐色，果熟期4—6月。

地理分布：产自长江流域与黄河流域，其他各地均栽培。亚洲、欧洲、美洲均有引种。长江大学西校区1号教学楼前湖边有种植。

花　　语：忧伤。

诗词文化：绊惹春风别有情，世间谁敢斗轻盈。

　　　　　楚王江畔无端种，饿损纤腰学不成。

　　　　　——唐·唐彦谦《垂柳》

木槿

拉丁学名：*Hibiscus syriacus* Linn.

别　　名：木棉、荆条、朝开暮落花、喇叭花、朝菌、无穷花

科：锦葵科　　属：木槿属

　　形态特征：落叶灌木，高3～4米。小枝密被黄色星状茸毛。叶菱形至三角状卵形，边缘不整齐，叶脉微被毛。花单生于枝端叶腋间，花梗被星状短茸毛。花呈钟状，有白、淡粉红、淡紫、紫红等色。蒴果卵圆形，密被黄色星状茸毛；种子肾形，黑褐色，背部被长柔毛。

　　地理分布：主要分布在热带和亚热带地区，系中国中部各省原产，各地均有栽培。长江大学西校区5号教学楼旁教师公寓附近有种植。

　　花　　语：温柔的坚持。

　　诗词文化：园花笑芳年，池草艳春色。

　　　　　　　犹不如槿花，婵娟玉阶侧。

　　　　　　　芬荣何天促，零落在瞬息。

　　　　　　　岂若琼树枝，终岁长翕赩。

　　　　　　　　　——唐·李白《咏槿》

紫玉兰

科：木兰科　属：玉兰属

别　名：辛夷、木笔

拉丁学名：*Yulania liliiflora* (Desr.) D. L. Fu

形态特征：落叶灌木。树皮灰褐色，小枝绿紫色或褐紫色。叶椭圆状倒卵形，先端急尖或渐尖，幼嫩时疏生短柔毛，下面灰绿色，沿脉有短柔毛。花叶同时开放。雄蕊紫红色，侧向开裂；雌蕊淡紫色，无毛。聚合果深紫褐色，变褐色；成熟蓇葖近圆球形，顶端具短喙。花期3—4月，果期8—9月。

地理分布：产于我国福建、湖北、四川和云南西北部。生于海拔300～1 600米的山坡林缘。长江大学西校区西侧、西校区5号教学楼东侧等均有分布。

花　　语：优雅、高洁、芳香、情思。

诗词文化：绰约新妆玉有辉，素娥千队雪成围。

　　　　　　我知姑射真仙子，天遣霓裳试羽衣。

　　　　　　影落空阶初月冷，香生别院晚风微。

　　　　　　玉环飞燕原相敌，笑比江梅不恨肥。

　　　　　　　　　　　——明·文徵明《玉兰花》

鸡爪槭

拉丁学名：*Acer palmatum* Thunb.

别　名：鸡爪枫、槭树

科：槭树科　属：槭属

　　形态特征：落叶小乔木。树冠伞形。树皮平滑、深灰色。小枝紫或淡紫绿色，老枝淡灰紫色。叶近圆形，基部心形或近心形，掌状。花紫色，雄花或两性花同株，伞房花序。幼果紫红色，熟后褐黄色，果核球形。花果期5—9月。

　　地理分布：分布于中国山东、河南、江苏、浙江、安徽、江西、湖北、湖南、贵州等地。长江大学西校区南门附近有种植。

　　花　　语：热忱、奔放、红火。

　　诗词文化：远上寒山石径斜，白云生处有人家。

　　　　　　　停车坐爱枫林晚，霜叶红于二月花。

　　　　　　　　　　　　　　　——唐·杜牧《山行》

梅花

科：蔷薇科　属：李属

别　名：酸梅、黄仔、合汉梅、白梅花、绿萼梅、绿梅花

拉丁学名：*Prunus mume*

　　形态特征：小乔木或稀灌木，高4～10米。树皮浅灰色或带绿色，平滑。小枝绿色，光滑无毛。叶片卵形，叶缘有小锐锯齿。花单生，香味浓，先花后叶；花瓣倒卵形，白色至粉红色。果实近球形，黄色或绿白色，被柔毛，味酸。花期冬春季，果期5—6月。

　　地理分布：中国各地均有栽培，但以长江流域最多，日本和朝鲜也有。长江大学西校区三教旁、东校区一号楼等地均有种植。

　　花　　语：坚强、高雅、忠贞。

　　诗词文化：风雨送春归，飞雪迎春到。

　　　　　　　已是悬崖百丈冰，犹有花枝俏。

　　　　　　　俏也不争春，只把春来报。

　　　　　　　待到山花烂漫时，她在丛中笑。

　　　　　　　　　　——近现代·毛泽东《卜算子·咏梅》

垂丝海棠

拉丁学名：*Malus spectabilis* (Ait.) Borkh.

别　名：海棠花

科：蔷薇科　属：苹果属

　　形态特征：多年生乔木，高达8米。叶片椭圆形，长5～8厘米，宽2～3厘米，先端短渐尖或圆钝，基部宽楔形，边缘有细锯齿。花序近伞形，有花4～6朵。果实近球形，黄色，花期4—5月，果期8—9月。

　　地理分布：原产中国，各省份都有栽培。长江大学西校区5号教学楼附近，校医院两侧有种植。

　　花　　语：游子思乡。

　　诗词文化：东风袅袅泛崇光，香雾空蒙月转廊。

　　　　　　　只恐夜深花睡去，故烧高烛照红妆。

　　　　　　　　　　——宋·苏轼《海棠》

桃

科：蔷薇科　属：李属
别　名：粉色桃
拉丁学名：*Prunus persica* Linn.

形态特征：落叶小乔木，高达3～5米。树干灰褐色，粗糙有孔。小枝红褐色或褐绿色，平滑。叶椭圆状披针形，叶缘有粗锯齿，无毛，叶柄长1～2厘米。花单生，有白、粉红、红等色，先花后叶，花期3—4月。核果近圆形，黄绿色，表面密被短茸毛，果熟期6—9月。

地理分布：原产中国中部及北部，栽培历史悠久，后来逐渐传播到亚洲周边地区，从波斯（今伊朗）传入西方各国。中国、法国、澳大利亚等温暖地带都有种植。

花　　语：春天到来。

诗词文化：桃花春水生，白石今出没。

　　　　　摇荡女萝枝，半摇青天月。

　　　　　　　——唐·李白《忆秋浦桃花旧游》

柿

拉丁学名：*Diospyros kaki* Thunb.

别　名：柿子、朱果、猴枣

科：柿科　属：柿属

形态特征：落叶大乔木。树皮深灰色至灰黑色，或者黄灰褐色至褐色，沟纹较密，裂成长方块状；树冠球形或长圆球形。枝开展，纵裂的长圆形或狭长圆形皮孔。叶纸质；花梗密生短柔毛。果形种种，有球形、扁球形；有种子数颗，种子褐色、椭圆状；果柄粗壮。花期5—6月，果期9—10月。

地理分布：原产我国长江流域，现在沿辽宁西部、长城一线经甘肃南部，折入四川、云南，在此线以南，东至台湾，各地多有栽培。朝鲜、日本、北非的阿尔及利亚、法国、俄罗斯、美国及东南亚、大洋洲等有栽培。柿树5～7龄开始结果，结果年限在100年以上。长江大学教科研太湖基地、东校区等均有分布。

花　　语：事事如意、事事顺心。

诗词文化：红叶曾题字，乌椑昔擅场。

　　　　　冻乾千颗蜜，尚带一林霜。

　　　　　核有都无底，吾衰喜细尝。

　　　　　惭无琼玖句，报惠不相当。

　　　　　　　　——宋·杨万里《谢赵行之惠霜柿》

无花果

科：桑科　　属：榕属

别　名：映日果、明目果、蜜果

拉丁学名：*Ficus carica*

形态特征：落叶灌木或小乔木，高达3～10米。全株具乳汁，多分枝，小枝粗壮，表面褐色，被稀短毛。雌雄异株，隐头花序，花序托单生于叶腋。榕果梨形，成熟时长3～5厘米，呈紫红色或黄绿色，肉质。花、果期8—11月。

地理分布：约在汉代传入中国，除东北、西藏和青海外，中国其他省份均有无花果分布。以长江流域和华北沿海地带栽植较多，长江大学教工宿舍区有种植。

花　　语：丰富。

诗词文化：春风不厌无花果，夜雨还留失着棋。

　　　　　　——清·宋湘《座主初颐园先生视学福建奉别二首》

龙爪槐

拉丁学名：*Sophora japonica* Linn. var. *japonica* f. *pendula* Hort.

别　　名：垂槐、盘槐

科：豆科　　属：槐属

形态特征：落叶乔木，高达25米。羽状复叶长达25厘米，小叶对生或近互生，纸质，卵状披针形。圆锥花序顶生，花冠白色或淡黄色。荚果串珠状，长2.5～5厘米，种子排列紧密，具肉质果皮；种子卵球形，淡黄绿色，干后黑褐色。花期7—8月，果期8—10月。

地理分布：原产中国，各地广泛栽培，华北和黄土高原地区尤为多见。长江大学西校区1号教学楼小广场前有种植。

花　　语：晶莹、美丽、脱俗。

诗词文化：万户伤心生野烟，百僚何日更朝天。

　　　　　秋槐叶落空宫里，凝碧池头奏管弦。

　　　　　　　　　——唐·王维《凝碧池》

琼花

科：忍冬科　属：荚蒾属

别　名：聚八仙花、蝴蝶花、牛耳抱珠

拉丁学名：*Viburnum Reteleeri*

　　形态特征：落叶或半常绿灌木，高达4米。树皮灰褐色或灰白色。聚伞花序，花冠直径3～4.2厘米。果实红色而后变黑色，椭圆形，长12毫米。果核扁，矩圆形至宽椭圆形，长10～12毫米，直径6～8毫米。花期4月，果熟期9—10月。

　　地理分布：分布于中国江苏、安徽、浙江、江西、湖北及湖南等地。长江大学西校区图书馆前有种植，东校区旧操场也有种植。

　　花　　语：魅力无限，浪漫完美的爱情。

　　诗词文化：弄玉轻盈，飞琼淡泞，袜尘步下迷楼。试新妆才了，炷沉水香毬。

　　　　　　　记晓剪、春冰驰送，金瓶露湿，缇骑星流。

　　　　　　　甚天中月色，被风吹梦南州。

　　　　　　　尊前相见，似羞人、踪迹萍浮。

　　　　　　　问弄雪飘枝，无双亭上，何日重游？

　　　　　　　我欲缠腰骑鹤，烟霄远、旧事悠悠。

　　　　　　　但凭阑无语，烟花三月春愁。

　　　　　　　　　　　　　　　——宋·郑觉斋《扬州慢·琼花》

樱桃李

拉丁学名：*Prunus cerasifera Ehrhart*

别　名：樱李、野酸梅、红叶李

科：蔷薇科　　属：李属

　　形态特征：灌木或小乔木，高达8米。多分枝，时有棘刺。叶片椭圆形，边缘有圆钝锯齿；叶柄长6～12毫米，通常无毛或幼时微被短柔毛；托叶膜质，披针形，先端渐尖，边有带腺细锯齿，早落。核果近球形，直径2～3厘米，黄色、红色或黑色，微被蜡粉，具有浅侧沟。花期4月，果期8月。

　　地理分布：分布于中亚、小亚细亚、巴尔干半岛和中国。长江大学西校区风华园有种植。

　　花　　语：幸福、向上、积极。

　　诗词文化：手植已芳菲，心伤故径微。往年啼鸟至，今日主人非。

　　　　　　　满地谁当扫，随风岂复归。空怜旧阴在，门客共沾衣。

　　　　　　　——唐·刘长卿《过萧尚书故居见李花感而成咏》

樱花

科：蔷薇科　属：李属
别　名：青肤樱、山樱花、福岛樱、荆桃
拉丁学名：*Prunus serrulata*

　　形态特征：乔木，高4～16米。树皮灰色。叶片椭圆卵形，长5～12厘米，宽2.5～7厘米。花序伞形总状，有花3～4朵。总苞片褐色，椭圆卵形。花瓣白色或粉红色，卵形。核果近球形，直径0.7～1厘米，黑色，核表面略具棱纹。花期4月，果期5月。

　　地理分布：原产北半球温带环喜马拉雅山地区，世界各地都有分布，主要种类分布在中国以及日本和朝鲜。长江大学校园西校区教工宿舍前、东校区小广场多有种植。

　　花　　语：纯洁、高尚、凄美，爱情与希望的象征。

　　诗词文化：樱花落尽阶前月，象床愁倚薰笼。

　　　　　　　远似去年今日，恨还同。

　　　　　　　双鬟不整云憔悴，泪沾红抹胸。

　　　　　　　何处相思苦？纱窗醉梦中。

　　　　　　　　　　——南唐·李煜《谢新恩樱花落尽阶前月》

紫 薇

拉丁学名：*Lagerstroemia indica* Linn.

别　名：惊儿树、百日红、满堂红、痒痒树

科：千屈菜科　属：紫薇属

　　形态特征：落叶灌木或小乔木，高达7米。树皮平滑，灰色。枝干多扭曲，小枝纤细。叶互生或有时对生，纸质，椭圆形。花深粉红，组成圆锥花序。花期6—9月，果期9—12月。蒴果球形或椭圆形，幼时绿色至黄色，成熟时呈紫黑色；种子有翅，长约8毫米。

　　地理分布：原产亚洲，广植于热带地区，中国各地均有分布。长江大学西校区2号教学楼南侧湖边多有种植。

　　花　　语：沉迷的爱、好运、雄辩、女性。

　　诗词文化：似痴如醉弱还佳，露压风欺分外斜。

　　　　　　　谁道花红无百日，紫薇长放半年花。

　　　　　　　　　　——宋·杨万里《咏紫薇花》

蔷薇

科：蔷薇科　属：蔷薇属

别　名：蔓性蔷薇、墙蘼、刺蘼、野蔷薇

拉丁学名：*Rosa multiflolora* Thunb

　　形态特征：多年生丛生落叶灌木。形态直立或攀缘或蔓生。茎刺较大且有钩。叶互生，奇数羽状复叶，叶缘有齿，叶片平展有柔毛。花朵单生或顶端丛生，为圆锥状伞房花序，有红色、白色、粉色等颜色，花径约3厘米。花期为5—9月。果实为球形，近红色。

　　地理分布：喜生于路旁、田边或丘陵地的灌木丛中，产于中国江苏、山东、河南等省。长江大学西校区小广场及教工宿舍前多有种植。

　　花　　语：美好的爱情。

　　诗词文化：一夕轻雷落万丝，霁光浮瓦碧参差。

　　　　　　　有情芍药含春泪，无力蔷薇卧晓枝。

　　　　　　　　　　——宋·秦观《春日》

迎春花

拉丁学名：*Jasminum nudiflorum* Lindl.

别　名：小黄花、金腰带、黄梅、清明花

科：木樨科　　属：素馨属

形态特征：落叶灌木。直立或匍匐，高0.3～5米，丛生，枝条下垂，光滑无毛。叶对生，三出复叶，小枝基部常具单叶，椭圆形。花单生于小枝叶腋；苞片小叶状，披针形、卵形或椭圆形；花冠黄色，向上渐扩大，裂片5～6枚，长圆形或椭圆形。

地理分布：产于中国甘肃、陕西、四川、云南西北部、西藏东南部。生于山坡灌丛中，海拔800～2 000米。长江大学西校区2号教学楼及勤人湖附近有种植。

花　　语：希望、相爱到永远。

诗词文化：金英翠萼带春寒，黄色花中有几般？
　　　　　凭君语向游人道，莫作蔓青花眼看。
　　　　　　　　　　——唐·白居易《玩迎春花赠杨郎中》

鹅掌楸

科：木兰科　属：鹅掌楸属

别　名：马褂木、双飘树

拉丁学名：*Liriodendron chinense* (Hemsl.) Sarg.

形态特征：落叶乔木，高达40米。小枝灰色或灰褐色。叶马褂状，长4～18厘米，叶柄长4～16厘米。花杯状，向外弯垂。聚合果长7～9厘米，具小坚果长6毫米，顶端钝或钝尖，具种子1～2颗。花期5月，果期9—10月。

地理分布：产于陕西、安徽以南，西至四川、云南，南至南岭山地，台湾有栽培。越南北部也有分布。长江大学西校区风华园对面篮球场附近有种植。

花　语：承诺、信用。

诗词文化：香苑绿长有，花映碧云天。

北楼窗探斜树，摇曳报新年。

——现代·布坡翁《水调歌头·步坡翁丙辰中秋韵咏鹅掌楸》

月季花

拉丁学名：*Rosa chinensis Jacq.*

别　名：月月红、月月花、长春花、四季花、胜春

科：蔷薇科　　属：蔷薇属

形态特征：直立灌木，高1～2米。小枝粗壮，有短粗的钩状皮刺。叶片宽卵形，长2.5～6厘米，宽1～3厘米，边缘有锐锯齿，两面近无毛。单花顶生，花径4～5厘米。花瓣重瓣至半重瓣，红色、粉红色至白色，倒卵形。果卵球形，花期4—9月，果期6—11月。

地理分布：中国是月季花的原产地之一。主要分布于北京、上海、湖北、四川和甘肃等省（直辖市）。长江大学校园各处灌木丛都有种植。

花　　语：象征着对幸福的期待，等待有希望的希望、幸福、光荣。

诗词文化：月季只应天上物，四时荣谢色常同。

　　　　　可怜摇落西风里，又放寒枝数点红。

　　　　　——宋·张耒《月季》

荻

科∷禾本科　属∷芒属

别　名∷红刚芦、红柴、荻草、荻子、霸土剑

拉丁学名∷*Miscanthus sacchariflorus*

　　形态特征：多年生草本植物。匍匐根状茎，秆直立，高达1.5米，节生柔毛。叶片扁平，宽线形，边缘锯齿状。圆锥花序疏展成伞房状，主轴无毛，腋间生柔毛。颖果长圆形，8—10月开花、结果。

　　地理分布：荻草广泛分布于温带地区。中国是荻草的分布中心，集中在沿江河流域、湖畔滩涂、海滨港湾及内陆的低洼地带。长江大学校园各池塘边均有种植。

　　花　　语：清净、高洁、我爱你、真情。

　　诗词文化：浔阳江头夜送客，枫叶荻花秋瑟瑟。
　　　　　　　主人下马客在船，举酒欲饮无管弦。
　　　　　　　醉不成欢惨将别，别时茫茫江浸月。
　　　　　　　忽闻水上琵琶声，主人忘归客不发。
　　　　　　　　　　　　——唐·白居易《琵琶行》

菊芋

拉丁学名：*Helianthus tuberosus* Linn.

别　名：洋姜、鬼子姜

科：菊科　　属：向日葵属

形态特征：多年生草本植物，高1～3米。叶对生，有叶柄，上部叶互生；头状花序较大，单生于枝端。舌状花12～20个，舌片黄色，长椭圆形，长1.7～3厘米；管状花，花冠黄色，长6毫米。果实小，楔形，上端锥状扁芒。花期8—9月。

地理分布：原产北美洲，经欧洲传入我国，大多数地区有栽培。长江大学西校区教学试验基地有种植。

花　　语：热情奔放、坚强勇敢。

诗词文化：洋姜似菊绽黄花，金钿盈盈轹自夸。

财色痴迷犹一梦，西风过处剩长嗟。

——现代·吴山野士《七绝·菊芋》

薄荷

科：唇形科　属：薄荷属
别　名：银丹草、夜息香
拉丁学名：*Mentha canadensis*

形态特征：多年生草本植物。叶对生，花小淡紫色，唇形，花后结暗紫棕色的小粒果。喜温暖湿润、阳光充足的地方，多生于山野湿地。全株青气芳香，是一种有特殊经济价值的芳香作物。

地理分布：广泛分布于北半球的亚热带和温带地区。中国以江苏、安徽两省规模和产量最大，其他各地均有分布。长江大学西校区教职工宿舍附近有种植。

花　　语：愿与你再次相逢。

诗词文化：一枝香草出幽丛，双蝶飞飞戏晚风。
　　　　　莫恨村居相识晚，知名元向楚辞中。
　　　　　　　　　　——宋·陆游《题画薄荷扇》

狗尾草

拉丁学名：*Setaria viridis* (L.) Beauv

别　　名：阿罗汉草、稗子草、狗尾巴草

科：禾本科　　属：狗尾草属

　　形态特征：一年生草本植物。根为须状。秆直立或基部膝曲，高10～100厘米。叶鞘松弛，无毛或疏具柔毛或疣毛，边缘具较长密绵毛状纤毛。叶舌极短，叶片扁平。圆锥花序紧密呈圆柱状，主轴被较长柔毛，鳞被楔形。颖果灰白色。

　　地理分布：分布于中国各地。原产欧亚大陆的温带和暖温带地区，现广布于全世界的温带和亚热带地区。长江大学试验田和教学基地分布较多。

　　花　　语：暗恋。

　　诗词文化：不慕花艳不吐香，平平淡淡到姜黄。
　　　　　　　悠闲自得随风舞，静心而立不疯狂。
　　　　　　　　　　　——现代·佚名《狗尾巴草》

凤仙花

科：凤仙花科　属：凤仙花属

别　名：指甲花、急性子、透骨草

拉丁学名：*Impatiens balsamina* L.

形态特征：一年生草本植物。茎粗壮，肉质，直立。叶互生，叶片披针形、狭椭圆形或倒披针形。花单生于叶腋，无总花梗，白色、粉红色或紫色，单瓣或重瓣。花丝线形，花药卵球形。子房纺锤形，两端尖，密被柔毛。种子多数，圆球形，黑褐色。花期7—10月。

地理分布：我国各地庭园广泛栽培，为常见的观赏花卉。

花　语：别碰我、回忆过去。

诗词文化：香红嫩绿正开时，冷蝶饥蜂两不知。

　　　　　此际最宜何处看，朝阳初上碧梧枝。

　　　　　——唐·吴仁璧《凤仙花》

青葙

拉丁学名：*Celosia argentea* Linn.

别　名：野鸡冠花、草蒿、姜蒿、昆仑草、百日红、鸡冠苋

科：苋科　　属：青葙属

形态特征：一年生草本植物，高0.3～1米。茎直立，有分枝，绿色或红色，具条纹。叶片披针形，长5～8厘米，宽1～3厘米，绿带红色。圆柱状穗状花序，胞果卵形，长3～3.5毫米。种子呈肾形，直径1.5毫米。花期5—8月，果期6—10月。

地理分布：亚洲东部及非洲热带有分布，常见于海拔1500米以下的平原、田边、丘陵和山坡。长江大学西校区教学试验基地有种植。

花　　语：真挚的爱情，也有独立、勤奋之意。

诗词文化：昆仑百日鸡冠苋，田间杂草狗尾草。

　　　　　妙药三佃顽疾祛，岸芷一朵美名花。

　　　　　傲然挺立滨水畔，像似正燃佛炉香。

　　　　　赏心悦目姜蒿梗，秋雨滋润苋菜芽。

　　　　　花不名牌还傲气，低调生存却熙华。

　　　　　——现代·叶春明《咏物诗——秋天的青葙》

蜀葵

科：锦葵科　属：蜀葵属

别　名：一丈红、大蜀季、戎葵

拉丁学名：*Alcea rosea* L.

　　形态特征：茎高达2米，茎枝密被刺毛。叶近圆心形，上面疏被星状柔毛，粗糙，下面被星状长硬毛或茸毛；花腋生，排列成总状花序式，有红、紫、白、粉红、黄和黑紫等色，花序顶生单瓣或重瓣，花柱分枝多，微被细毛。花期2—8月。

　　地理分布：原产中国西南地区，华东、华中、华北、华南及四川、贵州均有分布，世界各地广泛栽培。长江大学各校区花坛均有种植。

　　花　　语：梦。

　　诗词文化：锦葵原自恋金蜂，谁供花颜奉神灵？

　　　　　　　欲舞轻翼入殿里，偷向坛前伴卿卿。

　　　　　　　　　　　　——清·仓央嘉措《情诗其五》

天竺葵

拉丁学名：*Pelargonium hortorum Bailey*

别　名：洋绣球、石腊红、入腊红、日烂红、洋葵

科：牻牛儿苗科　　属：天竺葵属

形态特征：多年生草本植物，高30～60厘米。茎直立，基部木质化，具明显节。叶互生，圆形，边缘波状。伞形花序腋生，被短柔毛。花瓣红色、粉红或白色，宽倒卵形。蒴果长3厘米，被柔毛。花期5—7月，果期6—9月。

地理分布：原产非洲南部，中国各地普遍栽培。长江大学西校区风华园学生公寓花坛有种植。

花　　语：幸福在身边、想念、思念、怀念、陪伴在你的身边。

诗词文化：天竺葵簇红花媚，

　　　　　累累球花细梗长。

　　　　　绿叶边形荷叶态，

　　　　　繁花四季展华芳。

　　　　　　——现代·淡香芸草《天竺葵花·七绝》

龙葵

科：茄科　　属：茄属

别　名：野辣虎、野海椒、灯笼草、小果果、天茄菜

拉丁学名：*Solanum nigrum* L.

形态特征：一年生直立草本植物，高0.25～1米。茎无棱或棱不明显，绿色或紫色，近无毛或被微柔毛。叶卵形，先端短尖，基部楔形至阔楔形而下延至叶柄，全缘或每边具不规则的波状粗齿，光滑或两面均被稀疏短柔毛。蝎尾状花序腋外生，近无毛或具短柔毛；萼小，浅杯状，齿卵圆形，先端圆，基部两齿间连接处成角度；花冠白色；花丝短，花药黄色；中部以下被白色茸毛，柱头小，头状。浆果球形，熟时黑色。种子多数，近卵形，两侧压扁。

地理分布：我国各地均有分布。喜生于田边，荒地及村庄附近。广泛分布于欧洲、亚洲、美洲的温带至热带地区。长江大学西校区试验田周边、农科大楼东侧入口处均有种植。

花　语：沉不住气、浮躁。

诗词文化：王瓜后，靡草前，荠却苦，荼却甘。

贝母花哆哆，龙葵叶团团。

苦菜，苦菜，空山自有闲人爱，竹箸木瓢越甜煞。

——宋·王质《山水友馀辞苦菜》

秋英

拉丁学名：*Cosmos bipinnatus* Cav.

别　名：波斯菊、大波斯菊

科：菊科

属：秋英属

　　形态特征：草本植物，高1～2米。根纺锤状，多须根。叶二次羽状深裂，裂片线形或丝状线形。头状花序单生。舌状花紫红色，粉红色或白色；舌片椭圆状倒卵形。瘦果黑紫色，长8～12毫米，无毛，上端具长喙，有2～3个尖刺。花期6—8月，果期9—10月。

　　地理分布：原产美洲墨西哥，在中国栽培甚广，路旁、田埂、溪岸也常自生。长江大学西校区试验田两侧有种植。

　　花　　语：少女的心。

　　诗词文化：马穿山径菊初黄，信马悠悠野兴长。

　　　　　　　万壑有声含晚籁，数峰无语立斜阳。

　　　　　　　棠梨叶落胭脂色，荞麦花开白雪香。

　　　　　　　何事吟馀忽惆怅，村桥原树似吾乡。

　　　　　　　　　　——宋·王禹偁《村行·马穿山径菊初黄》

莲子草

科：苋科　属：莲子草属

别　名：满天星、白花仔、节节花

拉丁学名：*Alternanthera sessilis* (L.) R. Br. ex DC.

形态特征：多年生草本植物。圆锥根粗，茎上升或匍匐，绿色或稍带紫色。叶片条状披针形、矩圆形、倒卵形、卵状矩圆形，叶柄无毛或有柔毛，花密生，花轴密生白色柔毛，花柱极短，柱头短裂。果倒心形，侧扁，翅状，深棕色。种子卵球形。花期5—7月，果期7—9月。

地理分布：产于我国浙江、江西、湖南、湖北、贵州、福建、台湾和广西等地。生在村庄附近的草坡、水沟、田边或沼泽、海边潮湿处。长江大学教科研太湖基地、1024纪念馆等均有野生分布。

花　　语：团结、顽强。

诗词文化：旧院森森入画裁，枝横白雪草莲开。

　　　　　小花三两迷人里，疑是春风带韵回。

　　　　　　　　　　　　——当代·李翰廉《农家院后莲子草》

香蒲

拉丁学名：*Typha orientalis* C. Presl

别　名：东方香蒲

科：香蒲科　　属：香蒲属

　　形态特征：多年生水生或沼生草本植物。根状茎乳白色。地上茎粗壮，向上渐细。雌雄花序紧密连接，雄花序轴具白色弯曲柔毛。雌花序基部具1枚叶状苞片，花后脱落，雄花花粉粒单体，基部合生成短柄。小坚果椭圆形至长椭圆形；果皮具长形褐色斑点。种子褐色。花果期5—8月。

　　地理分布：产于我国中东部和西南地区。生于湖泊、池塘、沟渠、沼泽及河流缓流带。菲律宾、日本、俄罗斯及大洋洲等地均有分布。长江大学西校区图书馆前水池内有分布。

　　花　　语：回忆。

　　诗词文化：蒲草嫩香浮竹叶，海山脆玉出筠笼。

　　　　　　　台江最是繁华地，鼓吹喧阗夕照中。

　　　　　　　　　　——明·谢廷柱《发湘阴途中》

美人蕉

科：美人蕉科　属：美人蕉属

别　名：红艳蕉、小花美人蕉、小芭蕉

拉丁学名：*Canna indica* L.

形态特征：多年生草本植物。全株绿色无毛，被蜡质白粉。根为块状，地上枝丛生，叶片为卵状长圆形，花单生或对生，花冠为红色，果实为绿色长卵形。花、果期3—12月。因其叶似芭蕉而花色艳丽，故名美人蕉。

地理分布：美人蕉原产美洲，中国河北、河南、山西等省均有栽培。长江大学教学基地有种植。

花　　语：美好的未来，坚持到底。

诗词文化：谁画张家静婉腰，轻绡一幅美人蕉。

　　　　　会看记曲红红笑，唤下丹青弄碧箫。

　　　　　　　　　　　　——明末清初·吴伟业《听朱乐隆歌其四》

鸢尾

拉丁学名：*Iris tectorum* Maxim

别　名：蓝蝴蝶、扁竹花、中国鸢尾、鸭子花、蝴蝶兰、爱丽丝

科：鸢尾科　　属：鸢尾属

形态特征：多年生矮小草本植物。植株基部淡绿色，周围有3～5枚鞘状叶及少量的老叶残留纤维。花淡蓝紫色，外花被裂片倒卵形，有马蹄形斑纹，爪部楔形，中脉上有黄色鸡冠状附属物，表面平坦，内花被裂片倒披针形。花期3—4月，果期5—7月。

地理分布：主要分布在中国中部、日本、西伯利亚、法国和几乎整个温带地区。长江大学西校区教职工宿舍前有种植。

花　　语：华丽。

诗词文化：横走斜伸碧翠青，婆娑绿叶舞春风。

　　　　　黄绫秀丽枝头缀，天地之间跨彩虹。

　　　　　　　　——现代·胡秉言《七绝·鸢尾花》

蓝猪耳

科：母草科　属：蝴蝶草属

别　名：夏堇

拉丁学名：*Torenia fournieri* Linden ex E. Fourn.

形态特征：直立草本植物。茎几无毛。叶具长柄，叶片长卵形或卵形，先端略尖或短渐尖，基部楔形；花冠筒淡青紫色，背黄色，上唇直立，浅蓝色，宽倒卵形，下唇裂片紫蓝色，中裂片的中下部有一黄色斑块，花丝不具附属物。蒴果长椭圆形。种子小，黄色，圆球形或扁圆球形。花果期6—12月。

地理分布：原产越南，我国南方常见栽培。长江大学西校区图书馆东侧、2号教学楼西侧、东校区老体育馆东侧均有种植。

花　　语：思念、青春。

诗词文化：蓝猪耳草炫花姿，嫩瓣形肥福相垂。

　　　　　漫溢芳情攀富贵，妖娆直欲会心期。

　　　　　　　　　　　　——当代·平水韵《七绝·蓝猪耳》

紫云英

拉丁学名：*Astragalus sinicus* Linn.

别　名：翘摇、红花草、草子

科：豆科　属：黄耆属

形态特征：二年生草本植物。匍匐多分枝，高30厘米。奇数羽状复叶，叶柄较叶轴短。总状花序，呈伞形。花冠紫红色或橙黄色，旗瓣倒卵形，瓣片长圆形，荚果线状长圆形，种子肾形，栗褐色。

地理分布：集中分布于中国长江流域地区，其他各地亦有栽培。长江大学西校区教学试验基地有种植。

花　　语：幸福。

诗词文化：花向琉璃地上生，光风炫转紫云英。
　　　　　自从天女盘中见，直至今朝眼更明。
　　　　　——唐·元稹《西明寺牡丹》

酢浆草

拉丁学名：*Oxalis corniculata* L.

别　名：酸浆草、酸酸草、斑鸠酸、三叶酸、酸咪

科：酢浆草科　属：酢浆草属

形态特征：草本植物。根茎稍肥厚。茎细弱，多分枝，直立或匍匐，匍匐茎节上生根。叶基生或茎上互生。花单生或数朵集为伞形，总花梗淡红色，与叶近等长。花瓣黄色，长圆状倒卵形。花丝白色半透明。蒴果长圆柱形。种子长卵形，褐色或红棕色，具横向肋状网纹。花、果期2—9月。

地理分布：我国各地均有广布。生于山坡草池、河谷沿岸、路边、田边、荒地或林下阴湿处等。亚洲温带和亚热带、欧洲、地中海和北美皆有分布。长江大学教学基地和科技园有种植。

花　　语：爱国、团结、璀璨的心、辛辣。

诗词文化：蝉歌四月声缠绵，酢草浆花正紫嫣。

　　　　　浪漫千姿惊陌上，缤纷万态笑园前。

　　　　　真心不恋高峰处，善念犹开平地间。

　　　　　卉放灵华淑影秀，花香丽幻玉芳妍。

　　　　　　　　　——当代·陈熠明《七律·酢浆草》

三角紫叶酢浆草

拉丁学名：*Oxalis triangularis* 'Urpurea'

别　　名：酸浆草、酸酸草、斑鸠酸、三叶酸、酸咪

科：酢浆草科　　属：酢浆草属

形态特征：草本植物。根茎稍肥厚，茎细弱，多分枝，直立或匍匐，匍匐茎节上生根；叶基生或茎上互生，三角形或鱼尾形呈淡紫色或紫色。花单生或数朵集为伞形，总花梗淡红色，与叶近等长；花瓣黄色，长圆状倒卵形。花丝白色半透明。蒴果长圆柱形。种子长卵形，褐色或红棕色，具横向肋状网纹。花、果期2—9月。

地理分布：我国各地均有广布。生于山坡草池、河谷沿岸、路边、田边、荒地或林下阴湿处等。亚洲温带和亚热带、欧洲、地中海和北美皆有分布。长江大学西校区教职工宿舍前后有种植。

花　　语：爱国、团结、璀璨的心、辛辣。

诗词文化：花坛栽种小酸茅，玉女新来媚眼抛。

　　　　　　出入相逢沾紫气，攀缘自爱语交交。

　　　　　　　　　　——当代·平水韵《七绝·紫叶酢浆草》

紫竹梅

科：：鸭跖草科　　属：：紫露草属

别　　名：：紫叶鸭跖草、紫鸭跖草、紫竹兰、紫锦草

拉丁学名：：*Tradescantia pallida* (Rose) D. R. Hunt

　　形态特征：多年生草本植物。茎多分枝，带肉质，紫红色，节上常生须根，上部近于直立。叶互生，披针形，先端渐尖，基部抱茎而成鞘，边缘绿紫色，下面紫红色。花色为粉白色。蒴果圆形。种子呈三棱状半圆形，淡棕色。花期6—10月。学校东校区，西校区教职工宿舍周边花池均有种植。

　　地理分布：紫竹梅原产于墨西哥，现我国各地均有引种栽培。长江大学农业科技园有种植。

　　花　　语：坚决、勇敢、无畏。

　　诗词文化：紫竹梅红带晓光，夜阑寒露结秋霜。

　　　　　　　身沾皎月清凉气，悄送晨曦一缕香。

　　　　　　　　　　　　——当代·得龙《七绝·紫竹梅》

月见草

拉丁学名：*Oenothera biennis* L.

别　　名：夜来香、山芝麻、柳叶菜

科：柳叶菜科　　属：月见草属

形态特征：直立二年生草本植物。基生莲座叶丛紧贴地面。茎生叶椭圆形至倒披针形；叶柄长0～15毫米。花序穗状，不分枝。花管黄绿色或开花时带红色，被混生的柔毛。萼片绿色，有时带红色，长圆状披针形。花瓣黄色，稀淡黄色，宽倒卵形。蒴果锥状圆柱形，向上变狭，直立。种子在果中呈水平状排列，暗褐色，棱形，具棱角，各面具不整齐洼点。

地理分布：原产北美，早期引入欧洲，后迅速传播世界温带与亚热带地区。我国东北、华北、华东、西南（四川、贵州）有栽培，并早已沦为逸生，常生开旷荒坡路旁。长江大学西校区5号教学楼前、东校区游泳馆东侧、图书馆西侧均有种植。

花　　语：安静、慢热、期待。

诗词文化：三月田头浅浅红，娇柔无力醉春风。

　　　　　远方客子如相惜，愿嫁君家诗句中。

　　　　　　　　　　　——当代·詹海林《七绝·月见草》

五叶地锦

科：葡萄科　属：地锦属

别　名：五叶爬山虎、五叶爬墙虎、五爪风、五爪龙、美国地锦

拉丁学名：*Parthenocissus quinquefolia* (L.) Planch.

形态特征：落叶木质藤本植物。老枝灰褐色，幼枝紫红色。卷须与叶对生，顶端吸盘大。掌状复叶，具五小叶，小叶椭圆形，叶面暗绿色，叶背具白粉并有毛。7—8月开花，聚伞花序集成圆锥状。浆果近球形，9—10月成熟，熟时蓝黑色、具白粉。

地理分布：广布于欧亚大陆温带，中国除海南外，其他省份均有分布。长于原野荒地、路旁、田间、海滩、山坡等地。长江大学西校区3号教学楼外墙覆有该植物。

花　　语：友情。

诗词文化：柔藤移种严墙下，拽住光阴奋力爬。

　　　　　自小高怀近何在，待须绿蔓入云霞。

　　　　　　　　　　　　——现代·马东海《七绝·地锦》

乌蔹莓

拉丁学名：*Causonis japonica* (Thunb.) Raf.

别　名：五爪藤、野葡萄藤

科：葡萄科　属：乌蔹莓属

　　形态特征：草质藤本植物。小枝圆柱形，有纵棱纹。中央小叶长椭圆形或椭圆披针形，顶端急尖或渐尖，基部楔形，侧生小叶椭圆形或长椭圆形，花药卵圆形，花柱短，柱头微扩大。果实近球形，种子三角状倒卵形，顶端微凹，基部有短喙。花期3—8月，果期8—11月。

　　地理分布：产于我国中部和南部地区。生山谷林中或山坡灌丛，海拔300～2 500米。日本、菲律宾、越南、缅甸、印度、印度尼西亚和澳大利亚也有分布。长江大学室内体育馆周边均有种植。

　　花　　语：勇气、爱情、无暇。

　　诗词文化：五叶环生白似针，殷红小柿漫其心。

　　　　　　　藤长攀附飞青鸷，枝密盘旋走碧林。

　　　　　　　寿域神方书秘效，丹溪妙用胜黄金。

　　　　　　　山川绿翠风光灿，蔓草丛中列瑾琳。

　　　　　　　　　　　　——当代·森林云烟《乌蔹莓》

紫藤

科：豆科　属：紫藤属

别　名：朱藤、招藤、招豆藤、藤萝

拉丁学名：*Wisteria sinensis* (Sims) Sweet

　　形态特征：落叶藤本植物。茎左旋，枝较粗壮。奇数羽状复叶，长15～25厘米。总状花序发自腋芽或顶芽，长15～30厘米。荚果倒披针形，密被茸毛，悬垂枝上不脱落，有种子1～3粒，种子褐色，宽1.5厘米，扁平。花期4月中旬至5月上旬，果期5—8月。

　　地理分布：中国黄河、长江流域及广西、贵州、云南等地分布。生于海拔500～1 000米间的山谷沟坡、山坡灌丛中。长江大学西校区1024纪念馆、东校区小广场长廊处有种植。

　　花　　语：执着的等待、深深的思念。

　　诗词文化：绿蔓萦阴紫袖低，客来留坐小堂西。

　　　　　　　醉中掩瑟无人会，家近江南卷画溪。

　　　　　　　　　　　　　　　　——唐·许浑《紫藤》

凌霄

拉丁学名：*Campsis grandiflora*

别　名：紫葳、五爪龙、红花倒水莲、倒挂金钟、上树龙、堕胎花、藤萝花

科：紫葳科　属：凌霄属

形态特征：攀缘藤本植物。茎木质，表皮脱落，枯褐色，以气生根攀附于它物之上。花冠内面鲜红色，外面橙黄色。雄蕊着生于花冠筒近基部，花丝线形，长2～2.5厘米，花药黄色，"个"字形着生。蒴果顶端着生。花期5—8月。

地理分布：分布于长江流域以及河北、山东、河南、福建、广东、广西、陕西和台湾。长江大学西校区2号教学楼旁有种植。

花　　语：敬佩、声誉。

诗词文化：眈眈丑石黑当道，矫矫长松龙上天。
　　　　　满地凌霄花不扫，我来六月听鸣蝉。
　　　　　——宋·陆游《夏日杂题》

水稻

科：禾本科　属：稻属

别　名：糯、粳

拉丁学名：*Oryza sativa* Linn.

形态特征：一年生水生草本作物。秆直立，高0.5～1.5米，随品种而异。叶片披针形，宽约1厘米，无毛，粗糙。圆锥花序疏展，棱粗糙；小穗含1成熟花。颖果长5毫米，宽2毫米。

地理分布：中国南方为主要产稻区，北方各省均有栽种。长江大学西校区教学与科研基地有种植。

花　　语：丰收。

诗词文化：东南骑马出郊垧，回首寒烟隔郡城。

　　　　　清涧涨时翘鹭喜，绿桑疏处哺牛鸣。

　　　　　儿童见少生于客，奴仆骄多倨似兄。

　　　　　试望家田还自适，满畦秋水稻苗平。

　　　　　　　　——唐·韦庄《虢州涧东村居作》

小麦

拉丁学名：*Triticum aestivum* L.

别　名：麸麦、浮麦、浮小麦、空空麦、麦

科：禾本科　属：小麦属

形态特征：一年生落叶作物。秆直立，丛生，高60～100厘米。叶片长披针形。穗状花序直立，长5～10厘米。小穗含3～9小花。颖卵圆形，长6～8毫米。外稃长圆状披针形，长8～10毫米，顶端具芒或无芒。

地理分布：全球各洲均有种植，中国各省份均有分布，根据地区特点分为冬小麦和春小麦。长江大学西校区教学试验基地有种植。

花　　语：真正有学问的人。

诗词文化：小麦青青大麦黄，原头日出天色凉。

　　　　　妇姑相呼有忙事，舍后煮茧门前香。

　　　　　缲车嘈嘈似风雨，茧厚丝长无断缕。

　　　　　今年那暇织绢着，明日西门卖丝去。

　　　　　　　　——宋·范成大《缲丝行》

玉米

科：禾本科　属：玉蜀黍属
别　名：苞谷、苞米棒子、玉蜀黍、珍珠米
拉丁学名：*Zea mays* L.

　　形态特征：一年生草本植物。秆直立，不分枝，高1～3米，具气生支柱根。叶片扁平宽大，线状披针形。顶生雄性圆锥花序，主轴与总状花序轴及其腋间均被细柔毛。颖果球形，成熟后露出颖片和稃片之外，种子呈黄色、红色、黑色等。

　　地理分布：黄淮海平原是中国夏播玉米主栽区。长江大学西校区教学试验基地有植。

　　花　　语：美好、金玉满堂、岁岁平安、招财进宝。

　　诗词文化：泪成玉米田何处，身别龙门夏已丘。

　　　　　　　临水登山归莫送，汨罗南望断离愁。

　　　　　　　　　　　　——清·屈大均《赋得摇落深知宋玉悲·其五》

油菜

拉丁学名：*Brassica campestris* L.

别　名：芸薹、寒菜、胡菜、苦菜、薹芥、青菜、瓢儿菜

科：十字花科　属：芸薹属

形态特征：一年生落叶植物。植株笔直，茎绿花黄，基生叶呈旋叠状生长，茎生叶互生，没有托叶。花呈"十"字形排列，质如宣纸。茎圆柱形，多分枝。总状花序，黄色。果实为长角果，成熟时开裂散出种子，紫黑色，也有黄色。

地理分布：中国冬油菜种植面积最广，集中在长江流域各省份。长江大学西校区教学试验基地有种植。

花　　语：加油。

诗词文化：蝴蝶深深浅浅黄，被春恼得一般狂。

　　　　　打团飞入菜花去，自信世间无别香。

　　　　　——宋·洪咨夔《春思》

棉花

科：锦葵科　属：棉属

别　名：墨西哥棉、美洲棉、美棉、高地棉、改良棉、大陆棉

拉丁学名：*Gossypium* spp.

形态特征：一年生草本植物。株高1～2米。花朵乳白色，开花后转成深红色然后凋谢，留下绿色棉铃。棉铃内有棉籽，棉籽上的茸毛从棉籽表皮长出，塞满棉铃内部，棉铃成熟时裂开，露出柔软的纤维。纤维白色或白中带黄。

地理分布：广泛栽培于中国各产棉区，尤以新疆地区规模最大。长江大学西校区教学试验基地有种植。

花　　语：情意绵绵。

诗词文化：不恋虚名列夏花，洁身碧野布云霞。

寒来舍子图宏志，飞雪冰冬暖万家。

——现代·左河水《咏棉花》

向日葵

拉丁学名：*Helianthus annuus* L.

别　名：葵花、向阳花、望日葵、朝阳花、转日莲

科：菊科　属：向日葵属

形态特征：一年生高大草本植物。茎直立，高1～3米，被白色粗硬毛。叶互生，心状卵圆形，顶端急尖或渐尖，有三基出脉，边缘有粗锯齿，两面被短糙毛。舌状花多数，黄色，有披针形裂片，结果实。花期7—9月，果期8—9月。

地理分布：中国向日葵主产区主要分布在黄河以北省份，长江大学西校区排球场附近有种植。

花　　语：光明与热情。

诗词文化：绛萼累累承晓露，含英蕴质并朱云。

　　　　　庙廊忠梗谁堪比，能展丹心向日倾。

　　　　　——宋·金朋说《葵花吟》

芋头

科：天南星科　　属：芋属

别　名：水芋、芋岌、毛艿、毛芋、青皮叶、接骨草、独皮叶

拉丁学名：*Colocasia esculenta* (L) . Schott

　　形态特征：芋头块茎通常为卵形，常生多数小球茎。芋头叶2～3片或更多。叶柄长于叶片，芋头花序柄常单生，短于叶柄。管部绿色，长约4厘米，粗2.2厘米，长卵形。檐部椭圆形，长约17厘米，边缘内卷，淡黄色至绿白色。花期8—9月。

　　地理分布：中国中东部各省份均有种植。日本、埃及、菲律宾、印度尼西亚爪哇岛等热带地区也盛行栽种。长江大学西校区试验田旁有种植。

　　花　　语：一帆风顺、事业有成。

　　诗词文化：你待坚心走。我待坚心守。栗子甘甜美芋头。

——元·王哲《黄鹤洞中仙》

图书在版编目（CIP）数据

长江大学校园植物图鉴／高沁匀等编著．—北京：
中国农业出版社，2023.9
ISBN 978-7-109-31117-6

Ⅰ.①长… Ⅱ.①高… Ⅲ.①长江大学－植物－图集
Ⅳ.①Q948.526.33-64

中国国家版本馆CIP数据核字（2023）第170989号

中国农业出版社出版
地址：北京市朝阳区麦子店街18号楼
邮编：100125
责任编辑：丁瑞华　魏兆猛
版式设计：杨　婧　责任校对：吴丽婷　责任印制：王　宏
印刷：北京通州皇家印刷厂
版次：2023年9月第1版
印次：2023年9月北京第1次印刷
发行：新华书店北京发行所
开本：700mm×1000mm　1/16
印张：8
字数：160千字
定价：68.00元